高等职业教育工业机器人技术专业“十四五”新形态一体化教材

工业机器人技术基础及应用

主　编　刘良斌

副主编　肖　晶　刘德玉　刘　峥　欧阳颖卉

参　编　彭　雯　肖　帆　陈新华　张宇驰

　　　　刘　坤　王瑶茜　肖　顿　杨昌远

中南大学出版社

www.csupress.com.cn

·长沙·

图书在版编目(CIP)数据

工业机器人技术基础及应用 / 刘良斌主编. —长沙：中南大学出版社, 2021.10(2024.8 重印)

高等职业教育工业机器人技术专业“十四五”新形态一体化系列教材

ISBN 978-7-5487-4507-5

Ⅰ. ①工… Ⅱ. ①刘… Ⅲ. ①工业机器人—高等职业教育—教材 Ⅳ. ①TP242.2

中国版本图书馆 CIP 数据核字(2021)第 123706 号

工业机器人技术基础及应用

GONGYE JIQIREN JISHU JICHU JI YINGYONG

主编　刘良斌

□出 版 人　林绵优
□责任编辑　刘锦伟
□责任印制　唐　曦
□出版发行　中南大学出版社
　社址：长沙市麓山南路　邮编：410083
　发行科电话：0731-88876770　传真：0731-88710482
□印　　装　长沙印通印刷有限公司

□开　　本　787 mm×1092 mm　1/16　□印张 13.25　□字数 353 千字
□版　　次　2021 年 10 月第 1 版　□印次 2024 年 8 月第 2 次印刷
□书　　号　ISBN 978-7-5487-4507-5
□定　　价　45.00 元

高等职业教育工业机器人技术专业
“十四五”新形态一体化教材

编委会名单

（排名不分先后）

前言

近年来，随着德国工业4.0及中国制造2025等概念的持续推进，我国工业机器人产业得到了较好的发展。国产工业机器人市场范围，从最早的被国外品牌垄断，发展到现在已经在国内市场占有超过30%的市场份额，而伴随着工业机器人的飞速发展，该领域的人才缺口却不断加大。同时，由工业和信息化部、发改委、财政部印发的《工业机器人产业发展规划》中也明确提出要加强大专院校工业机器人专业学科建设，加大工业机器人职业培训教育力度，注重专业人才的培养，着力于应用型人才的队伍建设。

因此，机器人人才是机器人学基础建设的重中之重。做好发展规划、掌握关键技术、进行推广应用都需要高素质的人才去实现。要适应这一社会需求，必须全面规划高素质机器人学人才培养，为我国机器人学进入新的发展机遇期和可持续发展提供人才保障。

本教材为新形态项目式模块化教材，将项目按照工作过程的顺序和学生自主学习的要求设计任务。以任务为中心，从知识目标、能力目标、知识链接、任务实施等环节展开，并且配有丰富的教学视频资源，充分体现高职任务驱动式课程的特色。本教材创新性地以ABB工业机器人为载体，将机器人的理论知识融入工作任务中，知识链接中内容的形式以引导学生查看ABB机器人的说明书来设置。每个任务的相邻任务有递进关系，也相互独立，教师可以根据学生的课时和学习情况灵活组合教学任务。在任务实施过程中，教师可以作为引导者和问题解答者，引导学生自主完成工作任务。

本教材主要分为5个项目，项目一为机器人概述，主要讲解机器人的定义、分类、发展、产业构成和常见的工业机器人；项目二主要讲解机器人的基本组成和机器人的编程语言；项目三为工业机器人的运动学基础，从机器人位姿的数学表示、坐标变换、正向与逆向运动学、奇异点问题五个方面讲解；项目四以ABB机器人为例，讲解机器人的操纵；项目五以ABB机器人为例，讲解机器人的编程。

本教材由刘良斌担任主编，肖晶、刘德玉、刘峥、欧阳颖卉为副主编。本书具体编写分工如下：项目一和二由刘良斌、刘德玉编写，项目三由肖晶编写，项目四和项目五由刘良斌、刘峥、欧阳颖卉编写。

由于编者水平有限，书中难免会有纰漏，敬请各位读者批评指正。

编者

2021年7月

目录

项目一

机器人的认识

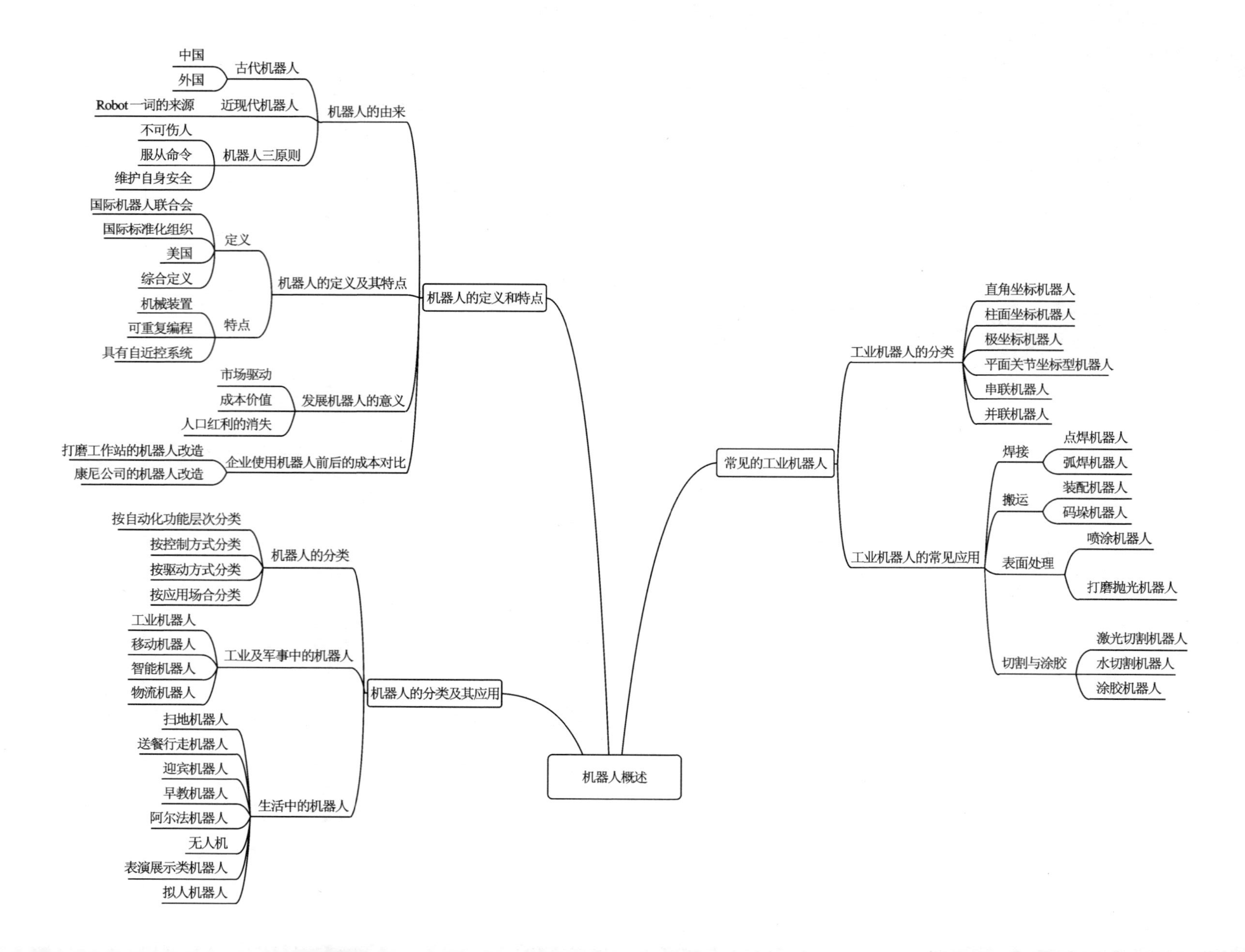
机器人概述
机器人的定义和特点
机器人的由来
古代机器人
中国
外国
近现代机器人
Robot一词的来源
机器人三原则
不可伤人
服从命令
维护自身安全
机器人的定义及其特点
定义
国际机器人联合会
国际标准化组织
美国
综合定义
特点
机械装置
可重复编程
具有自近控系统
发展机器人的意义
市场驱动
成本价值
人口红利的消失
企业使用机器人前后的成本对比
打磨工作站的机器人改造
康尼公司的机器人改造
机器人的分类及其应用
机器人的分类
按自动化功能层次分类
按控制方式分类
按驱动方式分类
按应用场合分类
工业及军事中的机器人
工业机器人
移动机器人
智能机器人
物流机器人
生活中的机器人
扫地机器人
送餐行走机器人
迎宾机器人
早教机器人
阿尔法机器人
无人机
表演展示类机器人
拟人机器人
常见的工业机器人
工业机器人的分类
直角坐标机器人
柱面坐标机器人
极坐标机器人
平面关节坐标型机器人
串联机器人
并联机器人
工业机器人的常见应用
焊接
点焊机器人
弧焊机器人
搬运
装配机器人
码垛机器人
表面处理
喷涂机器人
打磨抛光机器人
切割与涂胶
激光切割机器人
水切割机器人
涂胶机器人

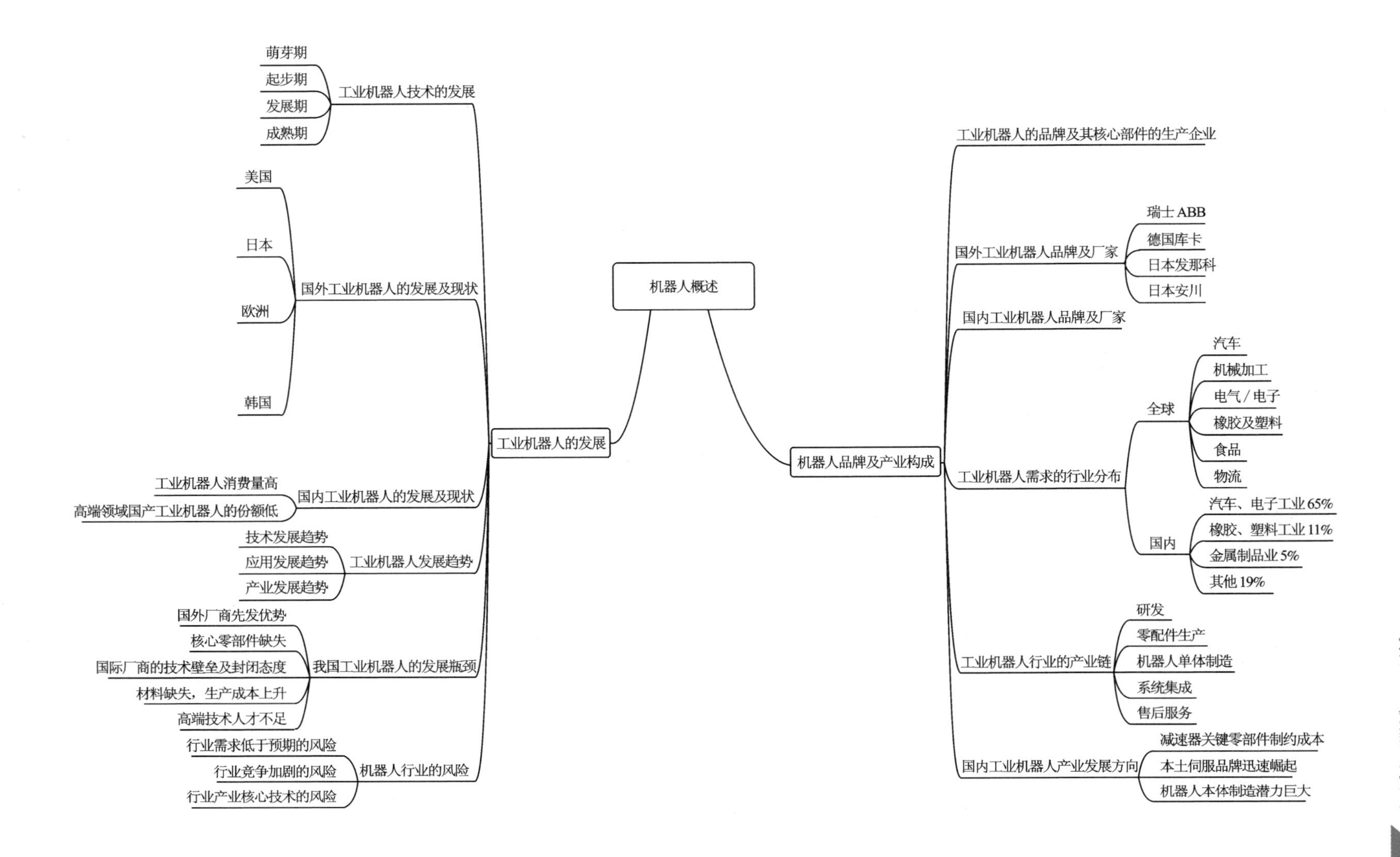
机器人概述
机器人品牌及产业构成
工业机器人的品牌及其核心部件的生产企业
国外工业机器人品牌及厂家
瑞士ABB
德国库卡
日本发那科
日本安川
国内工业机器人品牌及厂家
工业机器人需求的行业分布
全球
汽车
机械加工
电气/电子
橡胶及塑料
食品
物流
国内
汽车、电子工业65%
橡胶、塑料工业11%
金属制品业5%
其他19%
工业机器人行业的产业链
研发
零配件生产
机器人单体制造
系统集成
售后服务
国内工业机器人产业发展方向
减速器关键零部件制约成本
本土伺服品牌迅速崛起
机器人本体制造潜力巨大
工业机器人的发展
工业机器人技术的发展
萌芽期
起步期
发展期
成熟期
国外工业机器人的发展及现状
美国
日本
欧洲
韩国
国内工业机器人的发展及现状
工业机器人消费量高
高端领域国产工业机器人的份额低
工业机器人发展趋势
技术发展趋势
应用发展趋势
产业发展趋势
我国工业机器人的发展瓶颈
国外厂商先发优势
核心零部件缺失
国际厂商的技术壁垒及封闭态度
材料缺失，生产成本上升
高端技术人才不足
机器人行业的风险
行业需求低于预期的风险
行业竞争加剧的风险
行业产业核心技术的风险

任务1 机器人的定义和特点

知识目标

1. 了解机器人的由来。
2. 了解机器人的定义。
3. 了解发展机器人的意义。
4. 了解机器人使用前后的成本差异。

知识链接

1.1.1 机器人的由来

虽然机器人是近几十年才迅速发展起来的，但是关于机器人的描述在古代就已经有了。如我们小时候听过的“崂山道士”；木刻人物故事“木刻钟馗，能左手扼鼠，右手持铁简毙之，身高三尺，动作灵巧”；“少林铜人”；还有古代科学家沈括在《梦溪笔谈》中记载的“自动木人抓老鼠”等。

同样，在外国古代也有对机器人的描述：公元前3世纪古希腊神话中的科幻人物“太罗斯”为一个国王的卫士，青铜的身体、盔甲装备、刀枪不入、力大无穷，巡逻于克里特岛上，能扔石沉船，能灼热自身烧杀来犯之敌。

机器人的历史及定义

但“Robot”这个词，却是到了近现代产生的。Robot源于捷克作家卡雷尔·查培克(Karel Capek，1890—1958)在1920年写的《罗莎姆万能机器人》剧本中的主人公的名字Robota(奴隶)。在之后Robota就被用来描写机器，意思是“有劳动力、没有思维、外形似人，被用来替人做劳力劳动和日常杂活的奴隶。”

1950年美国作家艾萨克·阿西莫夫提出了“机器人三原则”：①机器人不可伤人；②在不违反第一条原则的前提下，机器人必须服从人的命令；③在不违反前两条原则的前提下，机器人可维护自身不受伤害。

1.1.2 机器人的定义及其特点

国际机器人联合会(International Federation of Robotics，IFR)将机器人定义如下：机器人是一种半自主或全自主工作的机器，它能完成有益于人类的工作，应用于生产过程的机器人称为工业机器人，应用于特殊环境的机器人称为专用机器人(特种机器人)，应用于家庭或直接服务人的机器人称为(家政)服务机器人。机器人是自动化机器，而不是像人一样的机器。

国际标准化组织(International Organization for Standardization，ISO)对机器人的定义为“机器人是一种自动的、位置可控的、具有编程能力的多功能机械手，这种机械手具有几个轴，能够借助可编程序操作处理各种材料、零件、工具和专用装置，以执行种种任务”。按照ISO的定义，工业机器人是面向工业领域的多关节机械手或多自由度的机器人，是自动执行工作的机器装置，是靠自身动力和控制能力来实现各种功能的一种机器；它接受人类的指令后，将按照设定的程序执行运动路径和作业。工业机器人的典型应用包括焊接、喷涂、组装、采集和放置(例如包装和码垛等)、产品检测和测试等。

根据美国2013年3月发布的机器人发展路线图，具有一定智能的可移动、可作业的设备与装备称为机器人，如智能吸尘器(家电)、空中机器人(无人机)、智能割草机(农机)、智能家居(智能建筑与家具)、谷歌移动车辆(无人车)等。

由此可以看出，虽然不同的国家、组织机构对机器人的定义在文字层面上看存在较大差异，但所描述的机器人都具有三个共同点：

①机械装置。可以完成多种操作和动作功能，必须具有通用性。

②可重复编程。具有多种多样程序流程，能提供人/机对话功能，有柔软性。

③具有自控系统。能够在无人参与下，完成作业操作和功能动作。

结合各国对机器人的定义，以及“机械装置”“可重复编程”“具有自控系统”三方面共同点，机器人的综合定义是：机器人是在工业中应用的一种能进行自动控制的、可重复编程的、多功能的、多自由度的、多用途的操作机，能搬运材料、工件和操持工具，用以完成各种作业。且这种操作机可以固定在一个地方，也可以在往复运动的小车上。可以通俗地理解为“机器人是技术系统的一个类别，它能复现人的动作和职能，它与传统的自动机的区别在于有更大的万能性和多目的的用途，可以反复调整，以执行不同的功能”。这一概念反映了人类研究机器人的目的是创造一种能够综合人的所有动作和智能特征，延伸人的活动范围，使其具有通用性、柔韧性和灵活性的自动机械。

☞ 思考：

生活中有哪些机器人?

1.1.3　发展机器人的意义

1. 市场驱动

在人口红利渐失、制造业成本飙升的压力下，采用机器人降低成本已经成为不少企业的选择，产生了机器换人潮(图1-1)。作为先进制造业中不可替代的重要装备和手段，工业机器人已经成为衡量一个国家制造业水平和科技水平的重要标志。

中国电子学会副理事长、2015世界机器人大会秘书长徐晓兰表示，从2015年来看，中国的“机器换人”主要是市场驱动的：

第一类使用机器人的企业主要是生产环境恶劣的企业，用以替代粉尘、有毒气体、危险、狭小空间等岗位工人，这样的企业很难招到员工；

☞ 思考：

生活中哪些产品的生产和服务可用机器人代替?

第二类使用机器人的企业是劳动强度高、精密度高、大批量生产、利润率低的企业。

由于机器人可以全天候生产，而且生产精度高，坏品率大幅降低，这大大提高了生产效率，适应了工业转型升级的需求。

图 1-1　机器人换人潮

2. 成本价值

关于机器换人成功的原因，每一个卖机器、买机器的人都表示：因为人工成本太高了。

以热销的电脑横织机为例，这种 2004 年左右才开始国产化的机器最大的特点便是节省人工。此前，许多毛纺织作坊，采用的是手摇机和自动皮带机，前者每台需要配备一名工人，后者每两台需要一名工人。而电脑横织机，一名工人可以同时看 6~8 台机器人。

纺织行业工人的工资一般为 1500~1800 元，加上伙食、住宿等费用，每名工人每月成本至少为 2000 元，每添加一台电脑横织机，人工成本就可以缩减到原来的 1/8~1/6。一台机器成本为 8~15 万元，使用机器人 1~2 年就可以回本。而直接代替人工插件的插件机，性价比则更高。在月产能相同的前提下，一套机器流水线需 3 名工人，而一条传统的手插生产线则需 14 名熟练工，按每人每月工资 1500 元计算，用机器一年可省下用工成本近 20 万元。

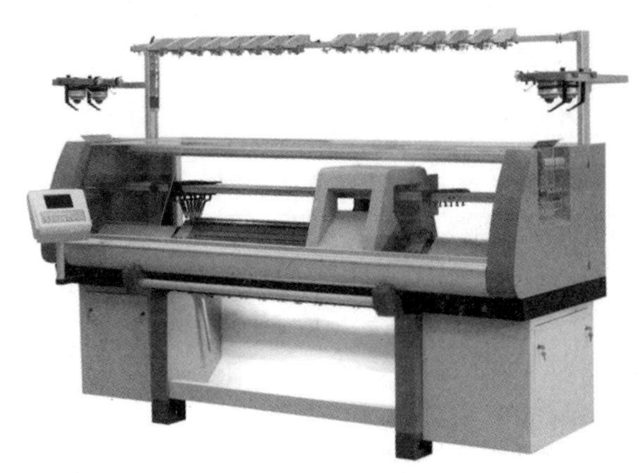

图 1-2　电脑横织机

1.1.4　企业使用机器人前后的成本对比

1. 打磨工作站的机器人改造

使用机器人的经济效益如下：

人工成本与机器人使用成本相比较，单台机器人 30 万元，维修及服务费 2 万元/年，按照 10 年折旧，折旧费 3 万元/年。

1 名打磨工人每年的工资及福利平均算 7.2 万元。

1 台工业机器人每年的维修及服务费加上折旧费平均算 5 万元。

1 台工业机器人的工作效率约为 3 名打磨工人，工资成本约为 21.6 万元。

图 1-3 所示为机器人与人工成本比较。

☞ 思考：

请计算，使用机器人后成本能够降到使用纯人工成本的百分之多少？

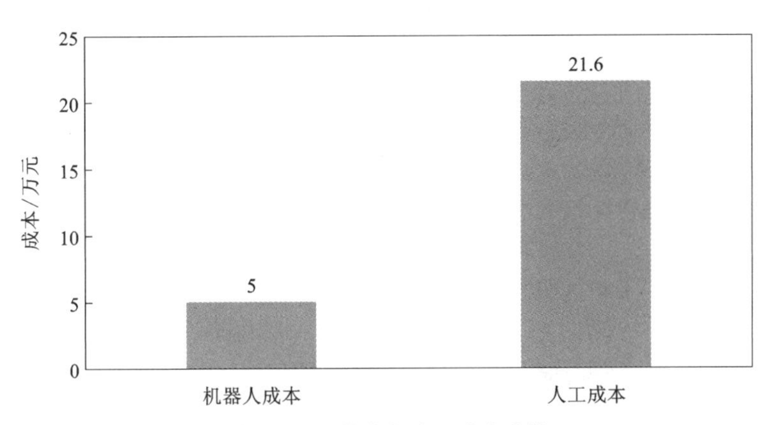

图 1-3　机器人与人工成本比较

由图 1-3 可见，使用机器人代替人工作业，成本大大降低，提高了企业的竞争力，同时大大降低了工人的劳动强度，降低了对操作者的技术要求，保证了产品的质量。

表 1-1 和图 1-4 所示为人工打磨、单机器人多工位打磨工作站、多机器人多工序工作站的经济效益对比。

表 1-1 三种生产方式对比

生产方式	人工+简单打磨机器	单机器人多工位	多机器人多工序
处理对象	鸭嘴型标准水龙头		
基本生产数据	1. 人工生产线效率为 60 个/8 h；单机器人多工位生产效率 150 个/8 h，1 人看机；多机器人多工序生产效率为 1000 个/8 h，1 人看机； 2. 打磨共分为 8 道工序，每道工序约为 20 s； 3. 简单打磨机器每台 0.6 万元，设备折旧按照每年 20%计算； 4. 机器人系统设备折旧费按照 15%计算； 5. 预期销售价格，单机器人多工位打磨单元销售价格约为 50 万元，多机器人多工序销售价格约为 300 万元； 6. 统一按照三班倒的生产方式，人休息，机器不休息； 7. 人工生产计件收费，每件 3.5 元，机器人生产工人计时工资，每月 4000 元，电费 1 元/(kW·h)。		
需要人工数和机器数	84 人+28 台简单打磨机器	33 人+11 台打磨工作站	6 人+2 条生产线
工资及福利/(万元·年$^{-1}$)	525	132	24
能源费用/(万元·年$^{-1}$)	20.16	71.28	23.04
耗材费/(万元·年$^{-1}$)	20	20	20
设备折旧费/(万元·年$^{-1}$)	3.36	82.5	90
维护费用/(万元·年$^{-1}$)	4.2	27.5	30
管理费用/(万元·年$^{-1}$)	1.51	10.9	15.2
合计/(万元·年$^{-1}$)	574.23	344.18	202.24

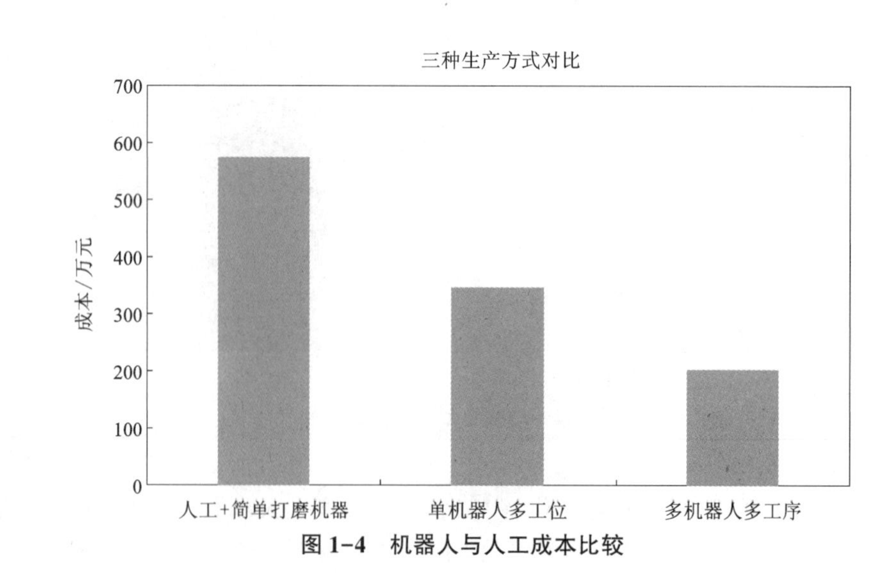

图 1-4 机器人与人工成本比较

2. 焊接车间的机器人改造

焊接车间门框架的生产现状是：每年仅 MS140DPL、MS130DPL、MS730 和 MS700 这 4 种门框的焊接量就达到了 1 万件，由 12 个高级焊工、6 个辅助工及 6 台焊机两班制完成，焊接成本较高。

现将焊接车间机器人改造前与改造后的焊接方案进行对比如下：

(1) 人工焊接

焊接车间现拥有一个焊接车间，专门用来焊接框架的高级焊工 12 人，占地面积约 150 m^2，实行两班制工作(每班 8 h)，每班 6 人，每人年薪约 4 万元，另需焊接辅助工 6 人，每人年薪约 2 万元，焊接一单面门所需时间为 2 h(以中号门框为依据)，年有效工作日为 250 天，年单班产量为：250×6×8/2＝6000 件，两班制产量为 1.2 万件。公司每年仅支付工人工资 72 万元。

在采用手工焊接的情况下，对工人的技术要求较高，工人的劳动强度较高，不可避免地会出现缺陷，焊接质量难以保证，且工作环境较差，影响工人身体健康。

(2) 机器人焊接

在此方案中，2 个工作台位于机器人的两侧，呈对称分布。先将工件装夹于工作台 1 和 2 上，机器人先对工作台 1 上的工件正面进行焊接，分为 A 和 B 两工位(工作台 1 和 2 上的工件正、反面均相同，以下文中 A 和 B 两工位分析省略)，当焊接完成后，机器人旋转 180°，对工作台 2 上的工件正面进行焊接，与此同时，工作台 1 翻转 180°。当工作台 2 上的工件正面焊接完成后，机器人再旋转 180°，对工作台 1 上的工件反面进行焊接，与此同时，工作台 2 翻转 180°，当工作台 1 上的工件反面焊接完成后，机器人对工作台 2 上的工件进行反面焊接，同时工作台 1 翻转朝上，由工人将工件卸下，并重新装夹工件。机器人轮流工作于 2 个平台之间，而工作平台在焊接过后利用空余时间完成翻转动作，使得焊接工作顺利进行。

手工焊接与机器人工作站技术经济指标综合比较的详细情况见表 1-2。

☞ 思考：

在同样投入的情况下，机器人工作站方案有哪些优势？

表 1-2　手工焊接与机器人工作站技术经济指标综合比较

方案	基本投入/万元	占地面积/m^2	年产量/万件	焊接质量	工作效率
手工焊接工作站	72	150	1.2	受人为因素影响较多	低
机器人焊接工作站	71	39	2.8444	焊接质量高，不受人为因素影响	高

由表 1-2 可见，手工焊接的情况下年产量为 1.2 万件，可基本满足公司上半年产量的需求，根据订货合同下半年将达到 1.6~2 万件，可能出现采用三班制仍无法满足生产要求的局面，故本项目的研发已迫在眉睫。由前可知，机器人的投入成本在 1 年内可收回，且可满足公司 3~5 年的发展需求。

现代化的大生产分工越来越细，对产品质量的要求越来越高，劳动强度越来越大，工作节奏的加快会使工人的神经过于紧张，很容易产生疲劳，工人会由此造成误差，很难保证产品质量。机器人可以高效地完成一些简单、重复性的工作，使生产效率得到明显的改善，质量得到保障；工业机器人完全不存在由于上述原因而引起的质量问题，可以不知疲倦地重复工作，确保产品质量的稳定。

任务 2　机器人的分类及其应用

知识目标

1. 了解机器人分类方法。
2. 了解不同类型的机器人。

知识链接

1.2.1　机器人的分类

机器人的分类

机器人产业发展的必要性和可行性

机器人的分类方法有很多种，通常可以按照自动化功能层次、控制方式、驱动方式、应用场合等来区分，图 1-5 所示为机器人的简单分类。

- 自动化功能层次分类
  - 专用机器人
  - 通用机器人
  - 示教再现机器人
  - 智能机器人
- 控制方式分类
  - 固定程序控制机器人
  - 可编程序控制机器人
- 驱动方式分类
  - 气压传动机器人
  - 电气传动机器人
  - 液压传动机器人
  - 复合传动机器人
- 应用场合分类
  - 工业机器人
  - 特种机器人
  - 娱乐机器人

图 1-5　机器人的简单分类

(1) 按自动化功能层次分类

专用机器人：以固定程序在固定地点工作的机器人，其动作少，工作对象专一，结构简单，造价低，适用于在大量生产系统中工作。

通用机器人：具有独立的控制系统，动作灵活多样，通过改变控制程序能完成多种作业的机器人。它的工作范围大，定位精度高，通用性能强，但结构复杂，适用于柔性制造系统。

示教再现机器人：这是具有记忆功能、能完成复杂动作的机器人，它在由人示教操作后，能按示教的顺序、位置、条件与其他信息反复重现示教作业。

智能机器人：具有各种感觉功能和识别功能，能作出决策自动进行反馈纠正的机器人，它采用计算机控制，依赖于识别、学习、推理和适应环境等智能，决定其动作或作业。

☞ 思考：

在按自动化功能层次分类的情况下，哪种机器人的自动化程度最高，为什么？

(2)按控制方式分类

固定程序控制机器人：采用固定程序的继电器控制器或固定逻辑控制器组成控制系统，按预先设定的顺序、条件和位置，逐次执行各阶段的动作，但不能用编程的方法改变已设定的信息。

可编程序控制机器人：利用编程方法改变机器人的动作顺序和位置，控制系统具有程序选择环节来调用存储系统中相应的程序，适用于比较复杂的工作场合，能随工作对象的不同需求在较大范围内调整机器人的动作，可实现点位控制和连续轨迹控制。

(3)按驱动方式分类

按驱动方式可分为气压驱动机器人、电气驱动机器人以及液压驱动机器人，如表 1–3 所示。

表 1–3　机器人的三种驱动方式

驱动方式	输出力	控制性能	维修使用	结构体积	使用范围	制造成本
液压驱动	压力高，可获得大的输出力	油液不可压缩，压力、流量均容易控制，可无级调速，反应灵敏，可实现连续轨迹控制	维修方便，液体对温度变化敏感，油液泄漏容易着火	在输出力相同的情况下，体积比气压驱动方式的小	中、小型及重型机器人	液压元件成本高，油路比较复杂
电气驱动	输出力较小或较大	容易与 CPU 连接，控制性能好，响应快，可精确定位，但控制系统复杂	维修较复杂	需要减速装置，体积较小	高性能、运动轨迹要求严格	成本较高
气压驱动	气体压力低，输出力较小，如需输出大力时，其结构尺寸过大	可高速，对设备的冲击较小，精确定位难，气体压缩性大，阻尼效果差，低速不易控制，不易与 CPU 连接	维修简单，能在高温、粉尘等恶劣环境中使用、泄漏无影响	体积较大	中、小型机器人	结构简单，成本低

☞ 思考：

你认为哪种驱动方式的机器人发展最好？

(4)按应用场合分类

按应用场合分可分为工业机器人、特种机器人、娱乐机器人等。

近几年来，人类的活动领域不断扩大，机器人的应用也从制造业向非制造领域发展。海洋开发、宇宙探测、采掘、建筑、医疗、农林业、服务娱乐等行业都提出了自动化和机器人化的要求。这些行业与制造业相比，主要特点就是工作环境的非结构化和不确定性，因而对机器人的要求更高，需要机器人具有行走能力、对外感知能力以及局部的自主规划能力等，是机器人技术的一个重要发展方向。可以预见，在21世纪各种先进的机器人系统将会进入人类生活的各个领域，成为人类良好的助手和亲密的伙伴。

1.2.2 工业及军事中的机器人

1. 工业机器人

早期的机器人以工业应用为主，称为工业机器人，主要包括用于搬运、喷漆、弧焊和点焊工作的机器人(图1-6)。工业机器人主要有以下几个优势。

(1)降低成本

人力成本的上涨无疑是推动各行业机器换人的重要因素，机器人代替人工生产能够降低越来越高昂的人工成本。机器人可以实现24 h操作，只需要一人看管或者一人同时看管两台甚至更多机器，能够有效节约人力资源成本。另外，使用工业机器人的智能化工厂，自动流水线的生产模式更能节省场地，使工厂的规划更加紧凑，降低土地资源成本。

(2)方便监管

在传统企业生产的过程中，尽管有很多的规章制度，但是员工在执行的过程中总是不能彻底贯彻执行，很难杜绝员工偷懒的现象，企业就难以保证每天的产能产量。若使用工业机器人，则人员大量减少，企业对人员的管理将更加简单、高效。

(3)安全性高

采用智能工业机器人进行生产，能够最大限度地保障工人工作的安全，不会出现由于工作上的疏忽或者疲劳而产生的安全事故。在重复性很强的工业生产车间，人类员工很容易产生疲劳，导致安全事故的发生，使用工业机器人则可以避免此现象。

(a) 用于弧焊的工业机器人　　(b) 用于点焊的工业机器人

图1-6　工业焊接机器人

(4)提高效率，保证品质

工业机器人能够不间断地进行 24 h 作业，且机器人不受情绪影响。工业机器人的重复定位精度可达 0.02 mm 以上，制作的产品品质可以得到很好的保证。

2. 移动机器人

20 世纪 80 年代以来，形形色色的特种机器人逐渐出现，如工业移动机器人，如图 1-7 所示。

(a) 军用移动机器人

(b) 船舶焊接用移动机器人

图 1-7　工业移动机器人

3. 智能机器人

从 20 世纪 70 年代开始的智能机器人的开发，经过一段时间的沉寂之后，向技术化与实用化两个方向各自发展。智能机器人系统是由指令解释、环境认识、作业计划、作业方法决定、作业程序生成与实施、知识库等环节及外部各种传感器和接口等组成。

智能机器人分为适应控制机器人和学习控制机器人。适应控制机器人具有适应控制功能，即当环境变化时，控制作用也跟着变化，从而使机器人能适应环境的变化而完成任务。学习控制机器人则是能对环境的未知特征所固有的信息进行学习，并将学习得到的信息用来进行控制的功能。

近年来，一批具有一定感知能力的机器人以及少数具有环境“对话”能力的交互式机器人已出现。在机器人视觉方面，交互式机器人已具有接近人眼的部分能力，能够从不同的陈列物中挑选出有关形状、尺寸、颜色的零件，能够对被识别的物体的一小段进行高分辨率的或展宽的观测。具有视觉、触觉和力觉的机器人已被成功应用于自动操作、自动装配和产品检测，甚至用于手表零件的装配和集成电路的生产中。行走机器人的研究也取得一些成果，这种机器人能够模仿人用两条腿走路，具有在凹凸不平的地面上行走和上、下台阶的能力。

智能机器人已在自主系统和柔性加工系统中得到日益广泛的应用。智能机器人能够设定自己的目标，规划并执行自己的动作，使自己不断适应环境的变化。

4. 物流机器人

物流机器人是指一种高性能的移动运输智能设备，主要用于货运的搬运和移动。目前广泛应用在工厂内部工序间的搬运环节、制造系统和物流系统连续的运转以及国际化大型港口的集装箱自动搬运等，如图 1-8 所示。

图 1-8 物流机器人

1.2.3 生活中的机器人

近几年，机器人行业逐渐火爆，各大新闻报纸、杂志、电视、电影中也都能看见机器人的影子。生活中，我们也总能捕捉到机器人的影子。如：我们电影游戏中的变形金刚、机器人总动员、机器人服务员等，可以说，机器人在我们的生活中无处不在，下面我们来认识几种生活中的机器人。

1. 扫地机器人

扫地机器人(图 1-9)，又称自动打扫机、智能吸尘器、机器人吸尘器等，机身外形以圆盘为主，是智能家用电器的一种，能凭借一定的人工智能，自动在房间内完成地板清理工作。一般采用刷扫和真空方式，将地面杂物吸入自身的垃圾收纳盒，从而完成地面清理的功能。一般来说，将完成清扫、吸尘、擦地工作的机器人，统一归为扫地机器人。

图 1-9 扫地机器人

2. 送餐行走机器人

送餐行走机器人于2014年年底兴起，2015年下半年开始机器人餐厅在国内相继开起，因为机器人的引入，餐厅刚开始时获得了比较高的人气。

送餐机器人(图1-10)虽然不能完全取代人工从而给主人节省大量的人工费用支出，但它们可吸引大量人气，毕竟它们确实拥有送餐功能，并且现在送餐机器人越来越多地与展示类机器人搭配使用。

图1-10 送餐机器人

3. 迎宾机器人

迎宾机器人其实限定并没有那么窄，很多时候商家也会在送餐机器人中植入迎宾的系统。同时我们在生活中看到的迎宾机器人种类较多。

迎宾机器人(图1-11)的兴起也是因为它可以取代部分迎宾服务员，同时又能给人带来新奇感，因此，市面上很多迎宾机器人被设计成美丽女性的外形。它们通常会在感应到人们从它们身旁经过时做出弯腰鞠躬的动作，同时发出欢迎词，这类迎宾机器人在现在较受欢迎。

迎宾机器人的形态与普通机器人完全不同，容易让人耳目一新，它不但可以在感应到人的时候说出欢迎词，在胸口上又配备了一个屏幕，可以播放场地的宣传视频和其他内容，而且也具有行走的功能，很多时候在活动中主办方会利用它来颁奖和迎宾。

图 1-11　迎宾机器人

4. 早教机器人

早教机器人（图 1-12）是专门为儿童早教促进孩子学习兴趣的教育类电子产品。其可全方位地训练儿童学习能力，同时设有人机互动功能，如增设抢答、鼓励作答、智能评分功能，帮助孩子培养学习兴趣，开发潜能。早教机结合多元智能教育理论，根据孩子的生活经验和心理特点选取主题场景，将英语、拼音识字、数学逻辑、潜能开发、自然常识、亲子互动、娱乐、道德等八大领域内容整合到各个主题中，知识全面，分类清晰；可爱的卡通动漫形象，趣味学习，对幼儿注意力、思维能力等方面提升有很大帮助。

图 1-12　早教机器人

5. 阿尔法机器人

2016 年春晚时在广州塔广场上，540 台阿尔法机器人（图 1-13）同时进行表演，瞬间让人们认识了它们。

呆萌的外形，加上灵活的动作，阿尔法机器人可以表演各类舞蹈，同时也可以自己进行编程或在网络共享平台上下载官方或其他用户编辑的动作进行表演。

阿尔法机器人操作方式也非常简单，生活中可以直接通过手机下载 APP 对其进行操控(安卓系统现在只能一对一进行控制，IOS 系统的手机可以同时连接 5 台进行控制)。像春晚那种同时控制多台的情况就需要另外定制控制系统了，不过在平常表演中，能同时操控 5 台已足够。

(a)

(b)

图 1-13　阿尔法机器人

6. 无人机

当阿尔法机器人在春晚上大展神通时，另一个占领春晚表演领空的就是大疆无人机(图 1-14)了。这里说到的无人机并不是军事上常说的用于战争的机器，这款无人机现在常被人用于在空中拍摄和飞行表演。它拥有全球领先的无人飞行器控制系统，致力于专业的航空拍摄。

☞ 思考：

你认为无人机是机器人吗？为什么？

图 1-14　大疆无人机

7. 表演展示类机器人

表演展示类机器人种类较多，如图 1-15 所示，在机器人主题公园和游乐场应用较多，其外形和功能较受小朋友喜爱，同时有一些表演展示类机器人外形相对较大。

图 1-15 表演机器人

8. 拟人机器人

2017 年北理工研制 BHR-6 实现国际首创的摔倒保护、翻滚、行走、奔跑、跳跃等模态运动及转换功能，摔倒后可重新站立，如图 1-16 所示。北浙江大学研制“悟空”，开展以打乒乓球为例的环境感知与全身协调作业研究，实现仿人机器人打乒乓球的演示验证。中国科学院合肥物质科学研究院研制的仿人机器人已实现行走、作业等功能。

图 1-16 北理工研制的仿人形机器人 BHR-6

任务3 工业机器人的发展现状

知识目标

1. 了解工业机器人的发展历程。
2. 了解国内外工业机器人的发展及现状。
3. 了解工业机器人的未来发展方向。
4. 理解国内工业机器人发展瓶颈。

知识链接

1.3.1 工业机器人技术的发展

工业机器人的技术发展

现代工业机器人的发展始于20世纪中期，依托计算机、自动化以及原子能的快速发展。为了满足大批量产品制造的迫切需求，并伴随相关自动化技术的发展，数控机床于1952年诞生，同时数控机床的控制系统、伺服电动机、减速器等关键零部件为工业机器人的开发打下了坚实的基础；同时，在原子能等核辐射环境下的作业，迫切需要特殊环境作业机械臂代替人进行放射性物质的操作与处理，基于此种需求，1947年美国阿尔贡研究所研发了遥操作机械手，1948年研制了机械式的主从机械手。1954年美国的戴沃尔对工业机器人的概念进行了定义，并申请了专利。1962年美国的AMF公司推出的“UNIMATE”（图1-17），是工业机器人较早的实用机型，其控制方式与数控机床类似，但在外形上类似于人的手和臂。1965年，一种具有视觉传感器并能对简单积木进行识别、定位的机器人系统在美国麻省理工学院研制完成。1967年机械手研究协会在日本成立，并召开了首届日本机器人学术会议。1970年第一届国际工业机器人学术会议在美国举行，促进了机器人相关研究的发展。1970年以后，工业机器人的研究得到了广泛、快速的发展，发展历程如图1-18所示。

1967年日本川崎重工业公司从美国引进机器人及技术，建立生产厂房，并于1968年试制出第一台日本产通用机械手机器人。经过短暂的“摇篮阶段”，日本的工业机器人很快进入实用阶段，并由汽车业逐步扩展到制造业其他领域。1980年被称为日本的“机器人普及元年”，日本开始在各个领域推广使用机器人，这大大缓解了市场劳动力严重短缺的社会问题。1980—1990年日本的工业机器人处于鼎盛时期。20世纪90年代，装配与物流搬运的工业机器人开始得到应用。

1970—1980年，机器人技术的应用进入快速发展和普及阶段。这期间，美国机器人的产量增加了20倍，日本机器人产量增加25倍，苏联机器人1985年比1980年增加了9倍。

图 1-17 UNIMATE 机器人正在生产线上工作

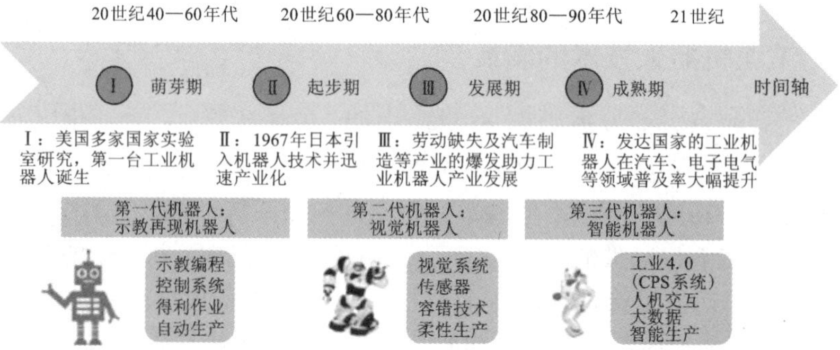

图 1-18 工业机器人在国外的发展历程

1981 年，日本机器人占有量为全世界的 57.5%，因此被誉为“机器人王国”；同时全世界机器人总数已达到 57 万台，形成了一个机器人产业。至 1999 年，全世界机器人总数已超过 100 万台。

自 20 世纪 60 年代以来，工业机器人在工业发达国家越来越多的领域得到了应用，尤其是在汽车生产领域，并如在制造业中毛坯制造(冲压、压铸、锻造等)、机械加工、焊接、热处理、表面涂覆、打磨抛光、上下料、装配、检测及仓库堆垛等作业，提高了加工效率与产品的一致性。作为先进制造业中典型的机电一体化数字化装备，工业机器人已经成为衡量一个国家制造业水平和科技水平的重要标志之一。

从 1960 年开始，经过 50 年发展，工业机器人产业化整机的世界规模为 100 亿~120 亿美元，年销售 16 万台(套)，累计装机量 120 万~150 万台(套)，考虑相关软件、零部件及系统集成应用整体市场规模为 300 亿~500 亿美元，近 5 年市场增长率为 10%。

我国工业机器人整机市场规模为 30 亿~50 亿元人民币，考虑相关软件、零部件及系统集成应用整体市场规模为 100 亿~300 亿元人民币，服务机器人刚刚起步，龙头企业 3~5 家，规模为 5 亿~10 亿元人民币，相关小企业 30~50 家，近 3 年市场增长率为 20%~30%。

工业机器人作为高端制造装备的重要组成部分，技术附加值高，应用范围广，是我国先进制造业的重要支撑技术和信息化社会的重要生产装备，对未来生产和社会发展及增强军事国防实力都具有十分重要的意义，有望成为继汽车、飞机、计算机之后出现的又一战略性新兴产业。

1.3.2　国内外工业机器人的发展及现状

1. 工业机器人的发展模式

系统集成是指将在机器人本体上物理加装，并将机器人系统和终端应用客户的系统打通，以实现机器人正常作业。工业机器人系统集成商负责给客户提供解决方案，并负责工业机器人的应用的二次开发和自动化配套设备的集成，是实现工业机器人应用的最终环节。

系统集成主要分为三种模式：日本模式、欧洲模式和美国模式(图 1-19)。

日本模式为基于完善的工业机器人产业链分工进行发展，日本机器人制造厂商以面向开发新型工业机器人和批量化生产的机器人产品为发展目标，并由应用工程集成公司针对不同行业的具体工艺与需求，开展工业机器人生产线成套系统的集成应用。

欧洲模式为用户单位提供一揽子的系统集成解决方案，工业机器人的生产、应用工艺的系统设计与集成调试，均由工业机器人的制造商承担和完成。

美国模式为集成应用，在全球范围内采购工业机器人主机及成套设计的配套设备，由工程公司进口，在进行集成生产线的设计、外围设备的研发与集成调试应用。

我国的模式则是从“欧+美并行”转向“日+美并行”模式。主要原因是一方面早期进入市场的系统集成商已经形成了系统的服务模式，对应用行业也更了解和深入，而机器人厂商缺乏专业团队去负责系统集成；另一方面，应用方出于技术保密的考量也更希望由三方来提供系统集成服务。

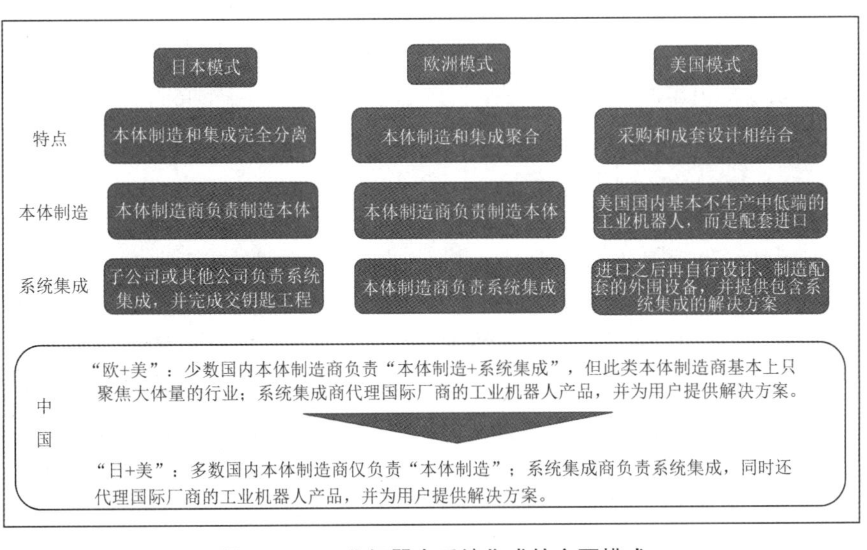

图 1-19　工业机器人系统集成的主要模式

2. 工业机器人的发展趋势

工业机器人在许多生产领域的应用实践证明，它在提高生产自动化水平，提高劳动生产率、产品质量及经济效益，改善工人劳动条件等方面，有着令世人瞩目的作用。随着科学技术的进步，机器人产业必将得到更加快速的发展，工业机器人将得到更加广泛的应用。

(1)技术发展趋势

☞ 思考：

查一查工业机器人四大家庭是哪四个品牌，分别是哪个国家的？

在技术发展方面，工业机器人正向结构轻量化、智能化、模块化和系统化的方向发展。未来主要的发展趋势如下：

1)机器人结构的模块化和可重构化。

工业机器人的机构模块化就是在机器人结构分解的基础上，通过建立标准机械结构的模块库，自动装配模块。能够让工业机器人最大限度地满足模块对机器人的要求，又可以让设备的设计和制造更方便，能够降低成本、缩短生产周期。

2)控制技术的高性能化、网络化。

首先，传统控制领域正经历着的变革，开始向网络化方向发展。控制系统结构由计算机集中控制系统(CCS)发展到第二代分布式控制系统(DCS)，再到现场总线控制系统(FCS)。大数据量和高速传输的要求，如图像和语音信号，也催生了工业以太网和控制网络的结合。

其次，这种工业控制系统网络化的趋势，融合了嵌入式技术、多标准工业控制网络互联、无线技术等诸多流行技术，拓展了工业控制领域的发展空间，带来了新的发展机遇。不过分散式网络化控制系统，关键且重要的议题是要满足系统可靠度及相依性的要求，也要保证系统在其工作范围内都要有高性能，这部分的复杂性已越来越高。因此网络化的错误侦测及诊断技术越来越受关注，而这些也是工业等场景下监控系统性能的核心。

其意义在于集成的现场总线、以太网、各种工业控制网络互联、嵌入式技术和无线通信技术在工业控制网络不仅保证了原始稳定和实时控制系统的要求，而且提高了系统的开放性和互操作性，并改善了系统对不同环境的适应性。

3)控制软件架构的开放化、高级语言化。

(1)工业机器人控制系统

工业机器人控制系统以机器人为核心，而机器人的组成则主要包括机器人本体、控制系统、驱动以及传感器。因此，工业机器人控制系统主要是由硬件和软件组成的，其依据指令、传感器对机器人进行控制，并促使其完成规定动作或任务的一套装置。工业机器人控制系统主要由主控单元、执行机构以及检测单元组成。其中，主控单元作为整个控制系统的核心，其功能主要是对机器人展开运动学计算，并对其进行运动规划和插补计算等，以将运动控制指令传输至执行机构。由于工业机器人的所有动作指令均是由控制系统发出的，因此，工业机器人的开放性在很大程度上将受到控制系统开放性的限制。

(2)开放式控制系统

现阶段，工业机器人控制系统的开放性还没有较为严格的定义。IEEE 对于开放性的定义是这样表述的：系统应用过程中，应满足能够在不同平台之间进行移植，并能够与其他系统相互交互，同时还能够为用户提供一致的交互方式。而库卡机器人集团创始人对于开放性系统则是这样定义的：即运行在商业化标准的计算机与操作系统的基础上，并同时具备开放式的硬件和软件接口。在开放式控制器方面，应具有模块化、标准化的开放式结构，即用户仅需通过简单的指令就可操作机器人。同时，当工序发生变化时，也应以最小的代价、最短的时间，修改系统，以促使其满足新的需求。

4）伺服驱动技术的高集成度和一体化（图 1-20）。

集成化：伺服控制系统越来越趋向于采用具有很高的开关频率的新型功率半导体器件作为输出器件，送种器件能够将过温、过压、过流保护、输入隔离、故障诊断及能耗制动等功能集成于较小的模块中，高度集成化大大缩小了系统体根。交流伺服系统大多 WDSP 作为控制核也，随着技术的发展，一些国际品牌公司开始在 FPGA 中集成 ARM 和 DSP 的功能，使伺服系统控制板得到大大简化。交流伺服系统目前 DSP+FPGA 硬件结构为主流。

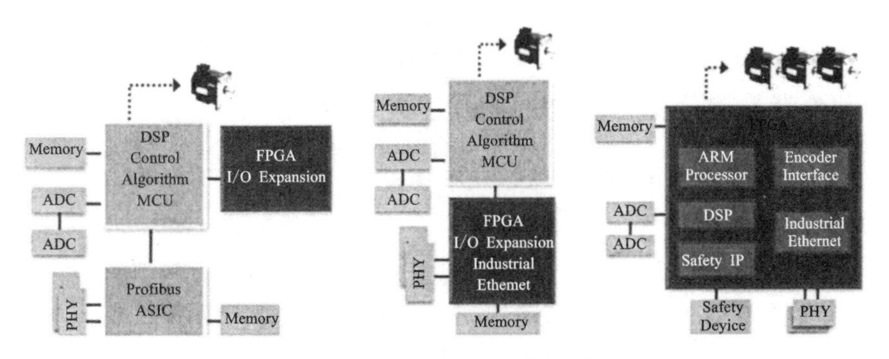

图 1-20　交流伺服系统硬件控制平台

智能化：交流伺服系统传统控制方法是采用经典三环 PID 控制模型（图 1-21）。随着现代控制理论的发展，控制方法也越来越智能化，如自校正控制、自适应抗扰动控制和滑模变结构控制等。交流伺服系统的智能化还表现为人机交互界面的发展，可对驱动器内部参数进行监控和设置，具有故障自诊断、自动增益调整、在线惯量辨识、在线电机参数辨识等功能，保证伺服系统具有良好的性能。

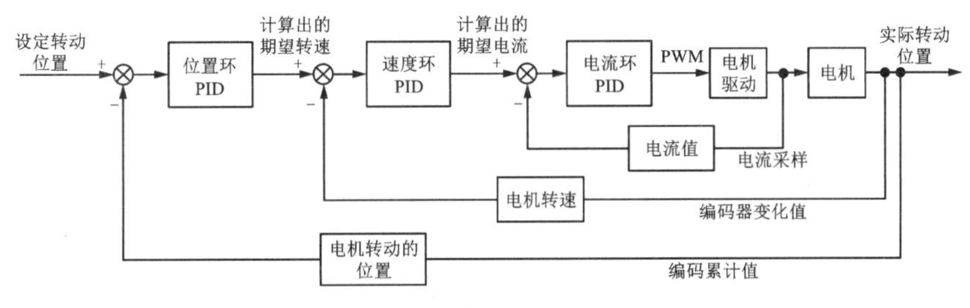

图 1-21　经典三环 PID 控制模型

网络化：随着通信技术、控制技术和计算机技术的发展，现场总线被广泛应用于伺服系统，在现场设备和控制装置如伺服驱动器、操作面板和控制器之间进行数据传输。现场总线有如下几个类型：FF、ProfiBus、WorldFIP、DeviveNet、CAN 等。这些通信协议可集成于伺服驱动器中，开放的通信接口可与其他现场设备互联，伺服系统的开放性和互联性为实现对工业机器人多个关节进行实时同步控制提供了基础(图 1-22)。

随着总线技术的发展.基于以太网的总线技术的出现使得通讯技术大大提高，伺服驱动器与主控制器的交换能力也大大提高，因而可将位置控制、速度控制转移至主控制器，由主控制器完成闭环控制。在主控制器侧构成位置闭环。

5)多传感器融合技术的集成化和智能化。

多传感器数据融合是对多种信息的获取、表示及其内在联系进行综合处理和优化的技术。其基本原理就是充分利用传感器资源合理支配使用传感器检测信息，将采集的信息依据某种准则组合起来产生目标的一致性描述。其目的是基于分离信息的优化组合提高传感器系统有效性达到对智能模拟的效果。

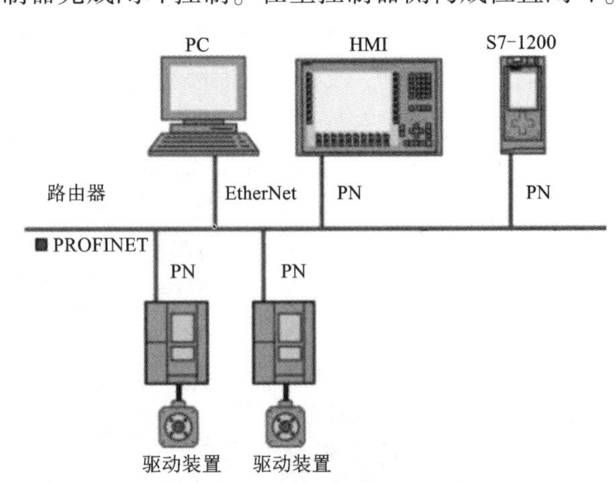

图 1-22 网络化

智能化是工业机器人的一个重要方向。一是利用模糊控制神经元网络控制等智能控制策略，二是机器人具有与人类类似的逻辑推理和问题求解能力，这是更高层次的智能化。智能技术领域的研究热点，如虚拟现实、智能材料、人工神经网络、专家系统、多传感器集成和信息融合技术等。

6)人机交互界面的简单化、协同化。

更加注重人机协作，逐步从远距离作业向人机交互并协同作业的方向发展。同时适当降低编程的难度，向自主化方向发展，使其可以根据周边环境情况自动设计并且优化路径，找到最佳线路，工作效率大大提升。

(2)应用发展趋势

工业机器人被广泛应用，目前，我国工业机器人行业主要集中在华东地区及华北地区，主要应用在汽车、电子、食品饮料、金属/机械加工、化工领域。

目前，汽车和电子是工业机器人应用份额最大的行业领域，合占超过工业机器人应用的半壁江山。工业机器人在汽车制造行业的应用占据国内工业机器人应用市场份额超过 30%，主要应用在汽车的焊接、搬运、喷涂、装配用途。工业机器人在电子行业的应用占据国内工业机器人应用市场份额超过 20%，主要应用在电子产品的焊接、搬运、装配、分拣、清洁等领域。

虽然目前汽车、电子行业的工业机器人应用较为广泛，但是随着工业机器人技术的发展和工业机器人功能的细化，工业机器人的应用必然会从汽车、电子行业的集中应用转向其他领域拓展，使得工业机器人的应用行业占比发生结构性的改变，应用更加分散，例如航空航天、轨道交通、国防军工、玻璃、物流、烟草、食品、医药、纺织、木材与家具制造业等众多行业。广州花城汇广场中 B 区机器人餐厅已经开始在餐饮业应用机器人，配置了 46 项机器人设备，能够随时为客人提供服务，包括炒菜机器人、煲仔饭机器人、酒水机器人、煎炸机器人、甜品机器人、送餐机器人等，可以为客人提供多样化服务。

（3）产业发展趋势

核心零部件之减速器：工业机器人主要使用 RV 减速器和谐波减速器两种精密减速器。RV 减速器技术上通过多级减速传递运动，具有高刚性与高扭矩承载能力，适用于机器人大臂、基座等重负载部分，价格区间在 5000~8000 元。谐波减速器技术上通过柔轮的弹性变形减速传递运动，具有体积小、运动精度高的特点，适用于机器人小臂、腕部、手部等需要精细化操作的部位，价格区间在 1000~5000 元。RV 减速器与谐波减速器的应用场景有所区别，RV 减速器应用场景集中于汽车加工、金属加工等行业，而谐波减速器适用于医疗、食品饮料、3C 电子等轻负载行业。当前，绿的谐波、南通振康、中大力德等企业具备了减速器规模化量产能力。

核心零部件之伺服系统（图 1-23）。伺服系统是一种以机械位置或角度为控制对象的自动控制系统，通常由伺服驱动器与伺服电机组成。我国本土品牌持续采取定制化与低价策略抢占外资品牌的份额，在部分细分市场上表现出明显的竞争优势，随着本土厂商在产品技术及市场推广上的提升，以汇川技术为代表的本土企业正在加速崛起。汇川技术在我国伺服电机市场份额排名第四，市场占有率为 10%。随着国产化进程不断加深，本土企业不断加大研发投入，以技术优势及成本优势抢占市场。

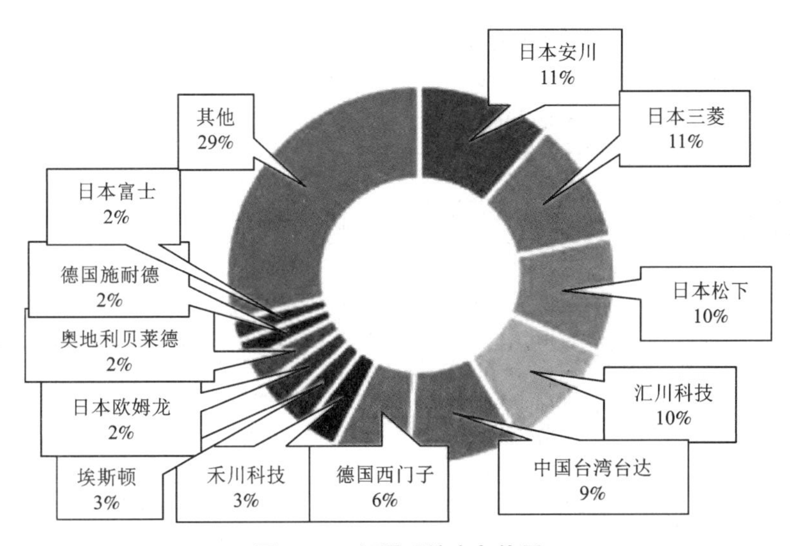

图 1-23　伺服系统竞争格局

核心零部件之控制系统：控制系统负责控制整台机器人的运动，主要任务是接收来自视觉、力觉等传感器的检测信号，驱动伺服电机，从而实现控制机器人在工作空间中的位置、姿态、速度。为保证系统稳定性，控制系统一般由机器人本体制造商自主研发。以广州数控、埃斯顿等拥有数控技术基础的代表性企业已经开始研制运动控制一体化产品，其中机器人专用运动控制产品也逐步向行业推广并走向成熟。此外，国内也诞生了以固高科技为代表的专注于运动控制产品的企业，服务对象聚焦小型工业机器人厂商，主要业务为向工业机器人集成商提供控制系统平台。

任务 4　机器人品牌及产业构成

知识目标

1. 了解工业机器人的品牌及核心零部件生产企业。
2. 了解国内外工业机器人品牌。
3. 了解工业机器人需求的行业。
4. 了解工业机器人行业的产业链。
5. 理解国内工业机器人产业的发展方向。

知识链接

工业机器人的品牌

1.4.1　工业机器人的品牌及其核心部件的生产企业

工业机器人市场的迅猛发展孕育出了许多的机器人的生产企业以及其主要核心部件的生产企业。表 1–4 列举了部分目前市面上的主流厂家。

工业机器人的产业

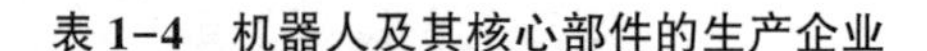
表 1–4　机器人及其核心部件的生产企业

类型	企事业单位代表
国际主流品牌	ABB、库卡(KUKA)、柯马、史陶比尔、发那科(FANUC)、安川电机、川崎、那智不二越、欧地希、爱德普、倍福、UR 等
中国自主品牌机器人企业	武汉华中数控、沈阳新松、广州数控、安徽埃夫特、南京埃斯顿、唐山开元、昆山华恒、青岛诺力达、万丰科技、新时达、高威科、瑞宏、利迅达、嘉腾电子、众拓、上海沃迪、机科发展、广州万世德、乐佰特、上海电气、时代试金、廊坊智通、上海会通、英集斯、北自控等
海外主流机器人核心技术和关键部件供应商	欧德神思、纳博特斯克、哈默纳科、住友、上银、忆特斯等
本土机器人核心技术和关键部件供应商	南通振康、苏州绿的、众合天成、厦门至工、联宜电机、洛阳维斯格、成都卡普诺、南宁宇立、北京诺亦腾等
高等院校	上海交大、北自所、中科院深圳院、电子科大、中国电科院、广东工大、华中科大、哈工大等

1.4.2 国内外工业机器人主要品牌

1. 传统“四大家族”

虽然关于机器人的排名有很多，但国际上公认的传统机器人四大家族还是非常一致的，即瑞士的 ABB、德国的库卡、日本的发那科、日本的安川。这几家公司占据了全球机器人行业超过一半的市场份额。

(1) ABB

ABB 是全球工业机器人主要制造商之一，它不仅在自动化方面有着领先的技术，同时也是世界 500 强企业之一。它的总部位于瑞士苏黎世，是由两家拥有 100 多年历史的国际性企业-瑞典的阿西亚公司(ASEA)和瑞士的布朗勃法瑞公司(BBC Brown Boveri)在 1988 年合并而成。

ABB 的机器人，传递给外界的形象可以概括为“专业严谨，实用至上”。

首先是在技术的专业性上，体现在机器人控制技术，ABB 的“MultiMove”技术是超一流水平，内嵌于 IRC5 软件中的 MultiMove 功能，可以实现多达 4 台配有工件定位器或者其他设备的机器人的协调运行，包括全面的协调运行等。同时，IRC5 模块能够为多达 36 个伺服轴计算路径，此外 IRC5 也提供了非常完善的工艺软件包，基本上能用机器人的地方，ABB 都提供了解决方案。可以说，ABB 公司凭借几十年专业机器人的研发和工程经验，稳居机器人技术水平的第一梯队。

其次是在文档的专业性上，这里主要体现在 ABB 的一系列技术文档上，ABB 产品的随机文档非常详细，内容充实，排版专业，严谨的版本控制，可读性非常强。

ABB 公司于 2015 年推出 YuMi 协作机器人(图 1-24)，它是 ABB 机器人全球首款真正意义上的人机协作双臂机器人。自 YuMi 协作机器人问世以来，受到了业界广泛的关注与好评。

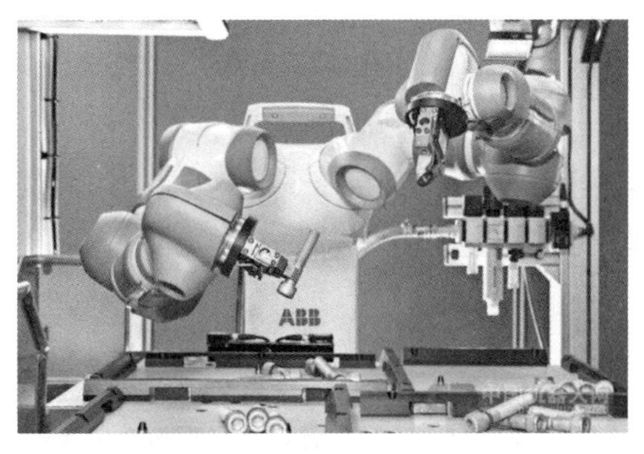

图 1-24 ABB 的协作机器人

(2) 库卡(KUKA)

被视作德国“工业 4.0”代表企业之一的库卡，已被美的集团全部“收入囊中”。在进入中国后，库卡将德国传统与中国创新不断融合，实现产销研一体化，围绕中国企业核心需求，不断开发本地化产品。

KUKA是“四大家族”中软件功底最强的机器人厂商(图1-25)，最新的控制系统KRC4同样使用了基于x86的硬件平台，运行VxWorks+Windows系统，把能软件化的功能全部用软件来实现了。示教器的实现方式也与ABB不同，KRC4的人机交互界面运行在主控制器上，示教器使用远程桌面登录MianController来访问HMI，同时使用EtherCATFSoE传输安全信号，减少了接线和安全配件，提高了可靠性。

图1-25　KUKA机器人

KUKA在工业机器人行业已深耕40多年，该有的积累一个不少，工艺包照样提供了一大堆，常见应用一个不缺。

KUKA工业机器人的用户，囊括了几乎所有熟知的大牌，如通用汽车、克莱斯勒、福特汽车、保时捷、宝马、奥迪、奔驰、大众、哈雷-戴维森、波音、西门子、宜家、沃尔玛、雀巢、百威啤酒以及可口可乐等。

KUKA的机器人产品的应用范围包括工厂焊接、操作、码垛、包装、加工或其他自动化作业，同时还适用于医院，如脑外科及放射造影。

库卡也积极协助美的集团提升智能制造水平，截至2022年6月，美的机器人使用密度已超过440台/万人，并将在未来两年内进一步加大投入以实现700台/万人的目标。

(3)发那科(FANUC)

FANUC(发那科)是日本一家专门研究数控系统的公司，成立于1956年，是世界上最大的专业数控系统生产厂家。FANUC在1959年首先推出了电液步进电机，然后在后来的若干年中逐步发展并完善了以硬件为主的开环数控系统。至20世纪70年代，微电子技术、功率电子技术尤其是计算技术得到了飞速发展，FANUC公司毅然舍弃了使其发家的电液步进电机数控产品，转向从GETTES公司引进的直流伺服电机制造技术。

自1974年FANUC的首台机器人问世以来，FANUC致力于机器人技术上的领先与创新，是世界上唯一一家由机器人来做机器人的公司，是世界上唯一提供集成视觉系统的机器人企业，是世界上唯一一家既提供智能机器人又提供智能机器的公司。FANUC机器人(图1-26)，产品系列多达240

图1-26　FANUC机器人

种，负重从 0.5 kg 到 1.35 t，广泛应用于装配、搬运、焊接、铸造、喷涂、码垛等不同生产环节，满足客户的不同需求。从 2008 年 6 月，FANUC 成为世界上装机量第一个突破 20 万台机器人的厂家，到 2011 年 FANUC 全球机器人装机量超 25 万台，直到现在，其全球市场份额稳居第一。

(4)安川

安川电机(Yaskawa)是一家有近 100 年历史的机电公司，也是日本第一家从事制造伺服电机的公司，安川以其产品稳定快速而著称，到 2011 年 3 月，安川电机所生产的机器人(图 1-27)已累计出售突破 23 万台，其活跃在从日本国内到世界各国的焊接、搬运、装配、喷涂以及放置在无尘室内的液晶显示器、等离子显示器和半导体制造的搬运搬送等领域中。

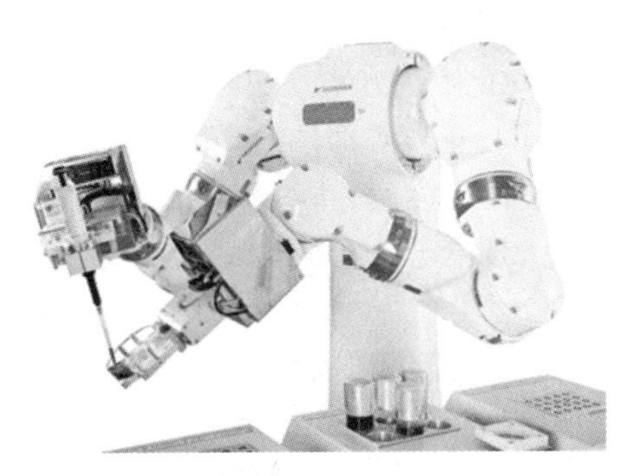

图 1-27　安川机器人

(5)机器人传统“四大家族”特点

传统“四大家族”，各家的机器人产品也是各有特点，见表 1-5，例如：ABB 的机器人在控制性、整体性上表现最好，但价格也是最高的；库卡的机器人则在汽车生产线上应用得最广泛；发那科的机器人操作简单，销量全球第一，同时市场占有率也是第一；安川的机器人价格相对便宜，性价比高。

传统“四大家族”均起家于机器人产业链相关的业务，最终成为全球领先的综合型工业自动化企业，都是因为掌握了机器人本体及其核心零件的技术，并投入产业，这才有了今日工业机器人传统“四大家族”的美誉。

表 1-5　传统“四大家族”机器人产品对比表

品牌	主要机器人产品	机器人最主要应用领域	机器人产品优势	产品系列名称
ABB	搬运、焊接、喷涂、特殊机器人	电子、电气、物流、搬运	控制性、整体性	IRB 系列产品
库卡	焊接、码垛、装配、洁净机器人	汽车工业	反应速度快、标准化编程、操作简单	KR 系列
发那科	数控系统、清洗、搬运、点焊、弧焊、装配	电子、电气、汽车工业	质量小、标准化编程、操作简单	R2000 系列 S 系列
安川	伺服电机、点焊、弧焊、喷涂	电子、电气、搬运、搬送	高精度、高附加值	Motorman 系列

2. 新机器人家族

相比国外机器人“四大家族”，埃斯顿、埃夫特、新松机器人、新时达，位于国内机器人厂商第一梯队。

(1)埃斯顿

埃斯顿自动化成立于1993年，经过近30年公司全体员工持续的努力奋斗，公司已经成功培育三大核心业务：工业自动化系列产品，工业机器人系列产品，工业数字化系列产品。

作为中国最早自主研发交流伺服系统的公司之一，工业自动化系列产品线包括全系列交流伺服系统，变频器，PLC，触摸屏，视觉产品和运动控制系统，以及以Trio控制系统为核心的运动控制和机器人一体化的智能单元产品，为客户提供从单轴-单机-单元的个性自动化解决方案。

工业机器人产品线在公司自主核心部件的支撑下得到超高速发展，产品已经形成以六轴机器人为主，负载范围覆盖3 kg-600 kg，54种以上的完整规格系列，在新能源，焊接，金属加工、3C电子、工程机械、航天航空等细分行业拥有头部客户和较大市场份额。

2021年公司全面进军工业智能化和数字化制造领域，借助掌控自动化设备数据入口优势的基础，通过埃斯顿统一的云平台及统一的OPCUA通讯协议，为客户提供自动化设备远程接入平台，以及各种数字化增值服务，包括设备数据采集和边缘计算，运行状况监控，过程质量监控，生产效率提升，物料消耗控制等数字化管理服务。

成为一个国际化的中国企业是埃斯顿的核心发展战略，公司除了在国内湖北，广东，上海等拥有多家分子公司外，还在海外拥有全资或控股公司包括英国Trio，德国Cloos，德国M. A. i. 公司，意大利研发中心以及参股美国Barrett等公司等，在运动控制解决方案，焊接机器人和康复机器人等方面具有国际领先的竞争地位，为公司全面实施国际化发展战略奠定了坚实基础。

(2)埃夫特

埃夫特前身为芜湖奇瑞装备股份有限公司，成立于2007年，由奇瑞汽车以货币全额出资成立。当时中国的制造业，国内没有产品符合要求，西方处于垄断地位，引进的设备非常贵，在产品调试、修理等方面也受制于人。作为奇瑞汽车的设备部部长、埃夫特创始人许礼进决心改变这个状况，得到了奇瑞高层的大力支持，埃夫特就这样诞生了。

由于起步晚，埃夫特一直很难在汽车工业机器人领域获得显著的市场份额。但是在通用工业领域，自动化率普遍不高，国内外厂商均处于起步阶段。扬长避短、独辟蹊径，埃夫特为自己设计了一条“中国式创新之路”。

埃夫特避开外资品牌最为集中的汽车行业机器人领域的“红海”，抢占家具、卫浴、铸造、钢结构、集装箱、光伏、酿酒、电商等蓝海细分市场。

系统集成业务是埃夫特主要的收入和利润来源，2019年系统集成营业收入10.19亿元，占总收入比重为82%，整机营业收入2.31亿元，占总收入比重为

18%。2019 年系统集成业务贡献毛利润 1.54 亿元，占总体毛利润比重为 71%，整机贡献毛利润 5055 万元，占总体毛利润比重为 23%。

埃夫特的整机业务以中小型负载机器人为主，销量一直以来保持快速增长。整机业务按照负载类型包括中小型负载机器人、轻型桌面机器人和大型负载机器人。

轻型桌面型机器人主要用于 3C 行业的搬运、上下料和教育行业的教学系统；中小型负载机器人主要用于家具行业及集装箱行业的喷涂、卫浴行业的打磨喷涂、钢结构行业的焊接喷涂、金属加工行业的搬运等；大型负载机器人主要用于汽车工业的焊接、搬运及通用工业的搬运和码垛。

埃夫特收购的三家公司 CMA、EVOLUT、WFC，分别针对 CMA 公司的喷涂技术、EVOLUT 公司的打磨等技术进行消化吸收，目前已使中小型负载机器人产品在卫陶、家具等通用工业领域形成核心竞争力，销量得到持续增长。

(2) 新松机器人

沈阳新松机器人自动化股份有限公司(以下简称“新松”)成立于 2000 年，是一家以机器人技术为核心的高科技上市公司。作为国家机器人产业化基地，新松拥有 4000 余人的研发创新团队，同时依托中科院沈阳自动化研究所强大的技术实力，坚持以市场为导向开展技术创新，形成了完整的机器人产品线及工业 4.0 整体解决方案。

新松本部位于沈阳，在上海设有国际总部，在沈阳、上海、青岛、天津、无锡建有产业园区。同时，积极布局国际市场，在韩国、新加坡、泰国、马来西亚、德国、香港等地设立多家控股子公司及海外区域中心，已形成以自主核心技术、核心零部件、核心产品及行业系统解决方案为一体的全产业价值链。

新松成功研制了具有自主知识产权的工业机器人、移动机器人、特种机器人、协作机器人、医疗服务机器人五大系列百余种产品，面向半导体装备、智能装备、智能物流、智能工厂、智能交通，形成十大产业方向，致力于打造数字化物联新模式。产品累计出口 40 多个国家和地区，为全球 4000 余家国际企业提供产业升级服务。

(3) 新时达

上海新时达电气股份有限公司创建于 1995 年，是国家重点支持的高新技术企业、全国创新型企业。新时达是国家机器人标准化总体组成员、全国电梯标准化技术委员会委员、中国机器人产业联盟副理事长、上海市机器人行业协会副会长、上海智能制造产业协会副会长。

新时达以运动控制技术为核心，专注于伺服驱动、变频调速、机器人和工业控制器等产品，发展数字化与智能化，为客户提供优质的智能制造综合解决方案。公司有以下几个机器人相关业务板块：

变频驱动：新时达拥有自主研发平台，设计、生产、销售及检验全链条，拥有全自动驱控一体机智能装配线。新时达最新智能柔性驱动器 ET6/EP6/EH6，覆盖全功率，布局物流、起重、高端设备等多个行业。

运动控制：新时达采用多轴同步、总线控制、平台化控制、多机协同、免调试自适应等自有核心技术，提供包括从伺服驱动、运控控制到集成化的应用，从单机自动化到智能制造的多层次解决方案；可为设备制造商、系统集成商等上下游客户提供智能生态化服务。

机器人：新时达是中国工业机器人市场占有率领先企业，完整掌握机器人控制系统、伺服系统和软件系统等关键技术，提供工业机器人及系统集成方案，助力制造业向高质量发展。新时达机器人超级工厂是上海首批20家智能工厂之一，2021年荣获工信部授予的“国家智能制造示范工厂”称号。新时达阿马尔机器人(AmalRobot)为公共服务行业提供智慧楼宇无人化服务核心产品和智能解决方案。

智能制造：新时达是智能制造的领先者，聚焦于汽车白车身及相关零部件、一般工业等领域，提供自动化核心产品、技术及智能制造整体解决方案，提高产线整体利用效率，实现高自动化和数字化，促进节能减排，赋能工业领域，助力中国智能制造。

新时达的产品与解决方案广泛应用于3C电子、锂电、半导体、光伏、物流、食品饮料、医疗、汽车、点胶、激光、机床、PCBA测试、电梯、水泵、暖通空调、橡胶塑料、通用节能、工程机械、金属制品、化工制品、家具等行业与细分领域，服务于全球110多个国家与地区。

1.4.3 国内工业机器人品牌及厂家

国际厂商，尤其是国际工业机器人“四大家族”(ABB、发那科、安川电机、库卡)，占据了工业机器人本体制造的大部分市场。随着内资企业的逐渐崛起，2021年中国内资工业机器人的市占率从2015年的18%增长至2021年的33%。图1-28所示为国内工业机器人品牌的市场占有率。

工业机器人销售量最大的公司为埃斯顿，占据了20%的市场份额；其次为汇川，占据了13%的市场份额。前五名的公司占据了市场将近40%的市场份额。

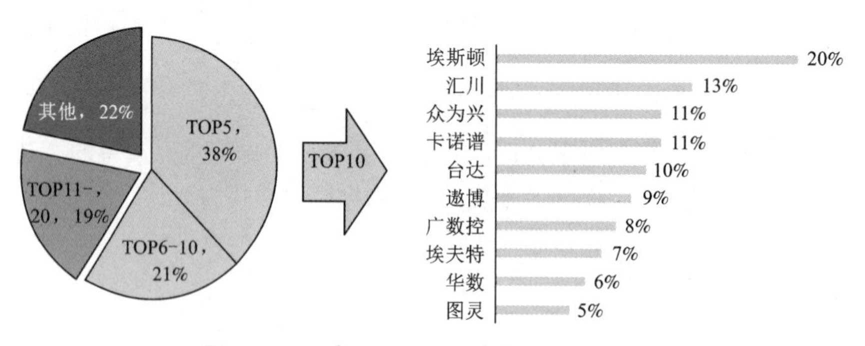

图1-28 国内工业机器人品牌的市场占有率

随着中国制造2025的提出，我国工业机器人自主研发的脚步也越来越快，到2016年，我国已成功打破国外垄断，生产出部分关键零部件，开发出了弧焊、点焊、码垛、装配、注塑、冲压和喷涂等一系列工业机器人，出现了一批具备研发和生产能力的优质企业(表1-6)。

表 1-6　国内机器人主流厂家

企业	主要产品
武汉华中数控股份有限公司	搬运、打磨、焊接、喷涂、装配等多种应用机器人产品系列
北京工业自动化研究所机器人中心	喷涂、弧焊搬运码垛装箱配水切割等多种机器人产品系列
沈阳新松机器人自动化股份有限公司	点焊、弧焊、水切割、等离子切割、注塑、浇铸；物流与仓储自动化；自动化生产线
哈尔滨博实自动化设备有限责任公司	自动包装码垛生产线、点焊、弧焊机器人，管道、爬壁机器人
上海富安工厂自动化有限公司	工厂自动化成套设备、工业机器人应用工程
安徽埃夫特智能装备有限公司	弧焊、点焊、搬运等多种机器人产品系列

1.4.4　工业机器人需求的行业分布

(1) 全球工业机器人的行业分布

从全球范围来看，工业机器人广泛应用于汽车、机械加工、电气/电子、橡胶及塑料、食品、物流等诸多行业，其中，汽车行业和电气/电子行业是应用量最大的行业，在这两个行业中，所使用的机器人占整个机器人使用量的 65%，尤其是汽车行业，工业机器人的使用密度已经成为衡量一个国家智能化水平的重要指标之一。

(2) 国内工业机器人的行业分布

从国内来看，目前，我国工业机器人的使用主要集中在汽车领域。

就全球平均水平来看，汽车行业的应用约占工业机器人总量的 40%，而中国，这一数字却一直是 60% 以上，见图 1-29。但随着市场对机器人产品认可度的不断提高，国内的机器人应用也正从汽车工业向一般工业行业延伸，包括电子、电器、化工（塑料和橡胶）、仓储、物流等。

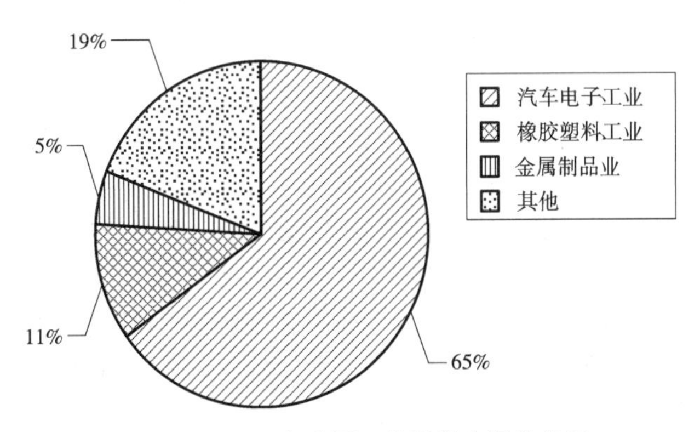

图 1-29　2014 年中国工业机器人行业应用

1.4.5 工业机器人行业的产业链

机器人产品的生命周期可分为5个部分，分别是研发、零配件生产、机器人单体制造、系统集成和售后服务，见图1-30。

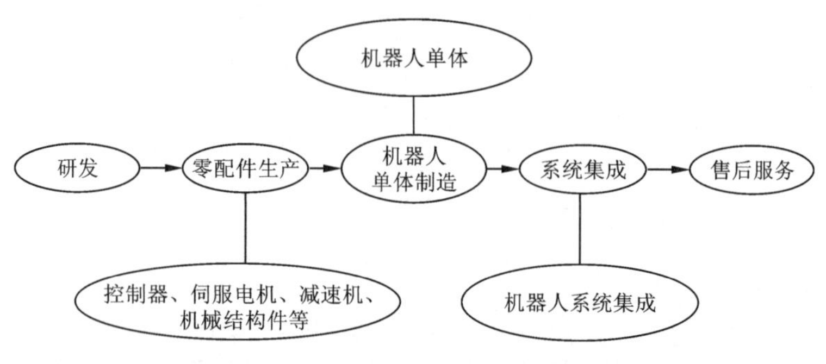

图1-30 机器人产品的生命周期

其中机器人单体制造、系统集成、售后服务是机器人在生产、销售、维修、淘汰等全生命周期的组成部分。研究发现，机器人单体制造、系统集成、售后服务几乎涵盖了一个机器人全生命周期的利润。按照国际上的惯例，一台机器人的全生命周期的毛利率约为60%，其中，制造、集成、服务各占1/3。因此，覆盖的产业链越长，盈利能力越强。但如果机器人制造商只覆盖了集成的产业链，那么对应的毛利率也只有20%，见图1-31。

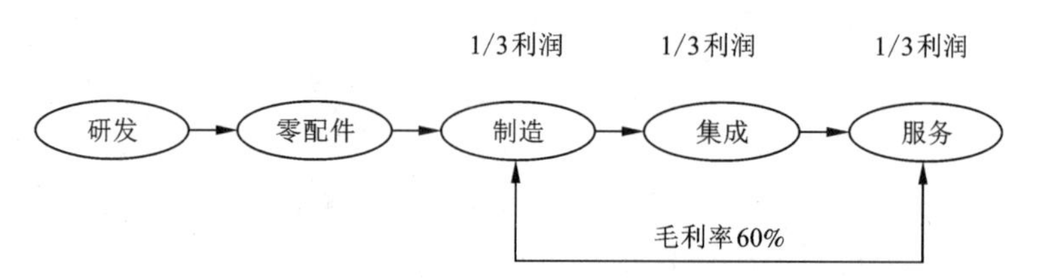

图1-31 国内工业机器人产业链结构

工业机器人与自动化成套装备供应商可以分为两类。

第一类为单元产品供应商，可以提供各种标准设备，如工业机器人本体、移动机器人(AGV)本体，具有产品标准化程度高、规模优势大的特点。第二类为系统集成商，这类公司可以提供涵盖各类标准设备在内的成套设备，具有应用领域差异化较大、项目案例经验丰富、可提供完整的解决方案的特点。国内工业机器人产业链供应商见图1-32。

从国内产业链来看，机器人单元产品由于技术壁垒较高，处于金字塔顶端，仍为卖方市场。系统集成商的壁垒相对较低，与上、下游的议价能力较弱，毛利水平不高，但市场规模远大于单元产品规模。

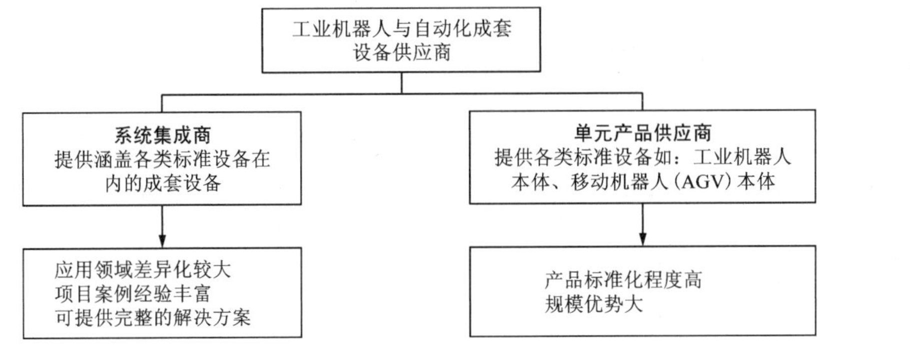

图 1-32　系统集成商与单元产品供应商比较

1.4.6　国内工业机器人产业发展方向

(1)减速器关键零部件制约成本

目前，工业机器人所用到的减速机主要为日本的纳博特斯克、Harmonic 两家公司提供。

以安川电机 ES165Kg 为例，6 台精密减速器的总价值约为 2.08 万元，占整机成本的 12%；而同类型的国内产品，6 台精密减速器的成本约为 9.1 万，占整机成本的比例为 31%。精密减速器成为制约降低国产工业机器人成本的第一因素。

不过，国内一些企业在精密减速器方面的研发正在稳步推进，浙江恒丰泰、江苏振康、北京中技克美等都先后推出了自己的机器人关节减速器，秦川发展则在 1998 年就研制出了 RV 减速器样机。2009 年，秦川发展在原有的 250AII 减速器基础上进行了优化设计和改进，使产品在性能、可靠性和性价比等方面更具有竞争力。

(2)本土伺服品牌迅速崛起

相对于减速器，伺服电机和驱动器市场未形成主要厂商垄断现象，而且几大国际厂商在中国也建立了分工厂，供应充足，产品价格相对合理。另外，国内的一些公司在伺服电机和驱动器领域也有所建树，产品质量正在追赶国际厂商，占据了一定的市场份额。

国内上市公司中，汇川技术、英威腾、华中数控、新时达等公司的业务覆盖伺服电机产品的生产。

汇川技术为国内工业控制自动化技术领域的领军企业，产品涵盖工业控制自动化各个层次，主要产品包括 PLC、HMI、变频器、伺服系统、伺服电机等。2012 年汇川技术与江苏微特利电机制造有限公司共同出资设立江苏汇程电机有限公司。

在工业自动化领域，围绕设备自动化/产线自动化/车间自动化的多产品或差异化解决方案需求，公司提供：①“PLC/HMI/CNC+伺服系统/变频系统+机器人+总线”等多产品打包解决方案，以满足客户对“易用性”、“TCO”价值需求；②“工控+工艺”的定制化解决方案，以满足客户对“TVO”价值需求。不仅能为客户带来安装、调试与维护的方便，还能为客户降低综合成本，提升客户产品品质与经营效益。

(3)机器人本体制造潜力巨大

从国外机器人企业发展经验来看，通常既有本体和零部件，又有集成业务的机器人企业规模会比单纯生产集成，或者只有零部件业务的企业规模要大很多。机器人本体是自动化技术的集大成者，在整个机器人产业链上占据最为重要的地位，有最强的议价能力。机器人本体企业可以利用这种优势地位，整合上游零部件企业和下游系统集成企业。

当然，研制机器人本体只完成1/3的工作，还需要将机器人本体与工艺和集成技术结合起来，才能最终满足客户需求，建立稳固的竞争优势。未来国内可能出现的机器人优势企业，一定是能够研制出世界领先水平的机器人本体的企业，而且也会从事系统集成业务，甚至还有零部件业务。

任务5 常见的工业机器人

知识目标

1. 了解工业机器人的分类。
2. 了解工业机器人的常见应用。

知识链接

1.5.1 工业机器人的分类

工业机器人的种类很多，分类的方法也很多，其功能、特征、驱动方式、应用场合等参数各不相同。下面从工业机器人的结构特征进行分类说明。

(1)直角坐标机器人

工业机器人的分类及应用

直角坐标机器人(图1-33)是指在工业应用中，能够实现自动控制的、可重复编程的、在空间上具有相互垂直关系的三格独立自由度的多用途机器人。

机器人在空间坐标系中有三个相互垂直的移动关节 $X/Y/Z$，每个关节都可以在规定的方向移动。直角坐标型机器人的位置精度高，控制简单、无耦合，避障性好，但体积较庞大，动作范围小，灵活性差，难以与其他机器人协调。DENSO公司的XYC机器人、IBM公司的RS-1机器人是直角坐标机器人的典型代表。

直角坐标机器人可以非常方便地用于各种自动化生产线中，可以完成诸如焊接、搬运、上下料、包装、码垛、检测、探伤、分类、装配、贴标、喷码、打码、喷涂、目标跟随、排爆等一系列工作。

☞ 思考：请问这类机器人有几个自由度？

(2)柱面坐标机器人

柱面坐标机器人(图1-34)是指轴能够形成圆柱坐标系的机器人。其结构主要由一个机座形成的转动关节和垂直、水平移动的两个移动关节构成，柱面坐标机器人末端执行器的姿态由(z, r, θ)决定。

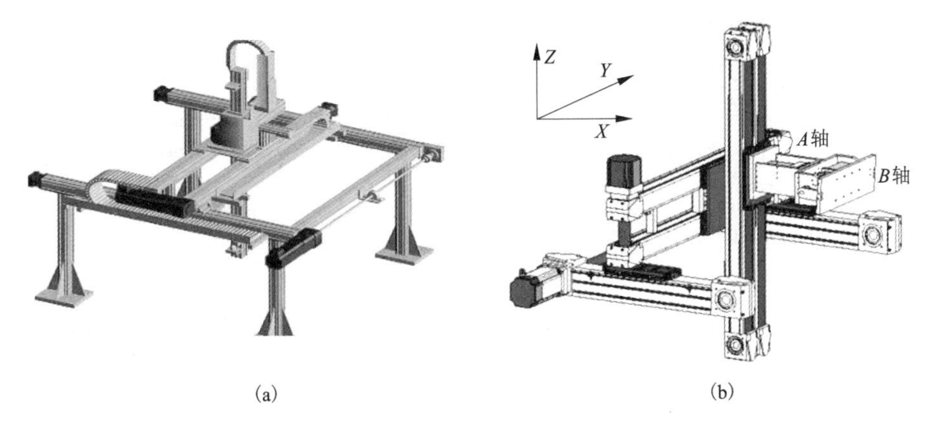

(a)　　(b)

图 1-33　直角坐标机器人

这种机器人通过两个移动和一个转动运动实现手部空间位置的改变，机器人手臂的运动是由垂直立柱平面内的伸缩和沿立柱的升降两个直线运动及手臂绕立柱的转动复合而成。圆柱坐标型机器人的位置精度仅次于直角坐标型，控制简单，避障性好，但体积也较庞大，难以与其他机器人协调工作，两个移动轴的设计较复杂。AMF 公司的 Versatran 机器人是柱面坐标机器人的典型代表。

(3)极坐标机器人

极坐标机器人(图 1-35)一般由两个四转关节和一个移动关节构成，其轴线按极坐标配置，r 为移动坐标，β 是手臂在铅垂面内的摆动角，θ 是绕手臂支撑底座垂直的转动角。这种机器人运动所形成的轨迹表面是半球面，所以又称为球坐标机器人。

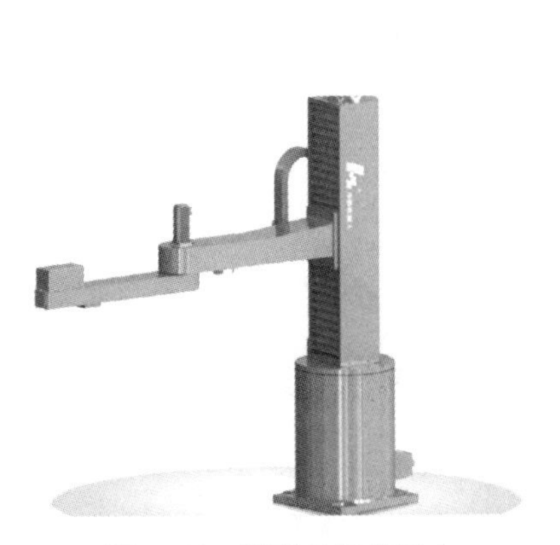

图 1-34　柱面坐标机器人

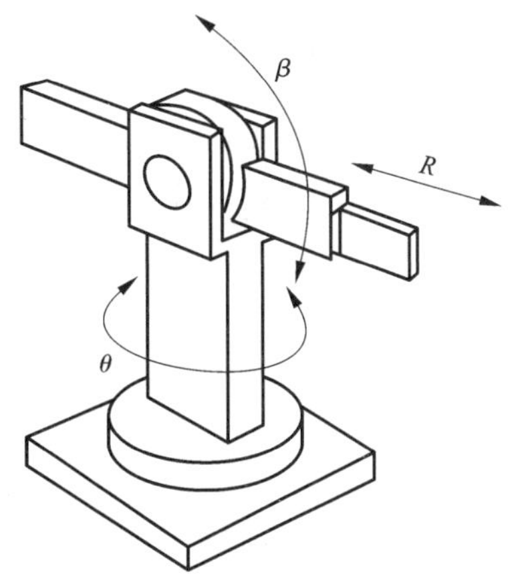

图 1-35　极坐标机器人

这类机器人手臂的运动由一个直线运动和两个转动所组成，即沿手臂方向 x 的伸缩，绕 y 轴的俯仰和绕 z 轴的回转。极坐标机器人占地面积较小，结构紧凑，位置精度尚可，能与其他机器人协调工作，质量较小，但避障性差，存在平衡问题，位置误差与臂长有关。Unimation 公司的 Unimate 机器人是其典型代表。

(4)平面关节坐标型机器人

平面关节坐标型机器人，即 SCARA 机器人，可以看成是多关节坐标型机器人的特例。平面关节坐标型机器人类似人的手臂的运动，它用平行的肩关节和肘关节实现水平运动，关节轴线共面；腕关节实现垂直运动，在平面内进行定位和定向，是一种固定式的工业机器人，其结构如图 1-36 所示。这类机器人的特点是其在 x-y 平面上的运动具有较大的柔性，而沿 z 轴具有很强的刚性。所以，它具有选择性的柔性，在装配作业中得到了较好的应用。

这类机器人结构轻便、响应快，有的平面关节坐标型机器人的运动速度可达 10 m/s，比一般的多关节坐标型机器人快数倍。它能实现平面运动，全臂在垂直方向的刚度大，在水平方向的柔性大。

KUKA 的 KR-5 系列 SCARA 机器人、日本日立公司的机器人、爱普生的 SCARA 机器人是典型代表。

(5)串联机器人

☞ 思考：请对比串联机器人和并联机器人，请说明它们的特点。

串联机器人，也叫多关节型机器人(图 1-37)，是一种开式运动链机器人，它是由一系列连杆通过转动关节或移动关节串联形成的。采用驱动器驱动各个关节的运动从而带动连杆的相对运动，使末端焊枪达到合适的位姿。

串联机器人的研究较为成熟，具有结构简单、成本低、控制简单、运动空间大等优点，已成功应用于众多领域，如各种机床、装配车间等。

(6)并联机器人

并联机器人(图 1-38)是近年发展起来的一种有固定机座和若干自由度的末端执行器以不少于两条独立运动链形成的新型机器人。

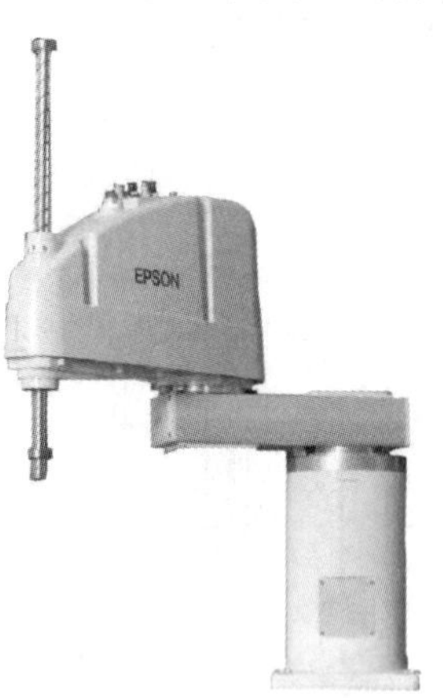

图 1-36 SCARA 机器人

图 1-37 多关节型机器人

并联机器人具有无累积误差，精度高；驱动装置可置于定平台上或接近定平台的位置，运动部分质量小，速度高，动态响应好；结构紧凑，刚度高，承载能力强；具有较好的各向同性；动作空间小等特点。

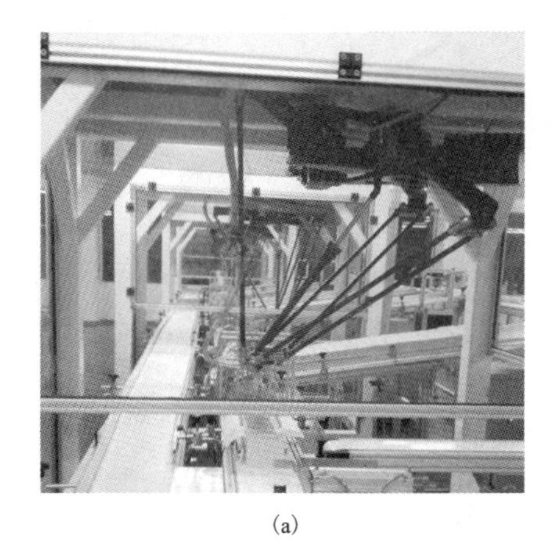

(a)

(b)

图 1-38　并联机器人

1.5.2　工业机器人的常见应用

工业生产中使用机器人，会给实际生产带来很多好处，如可提高产品质量；提高劳动生产率、降低成本；改善劳动环境，保证生产安全，减轻、甚至避免有害工种(如焊接)对工人身体的侵害，避免危险工种(比如冲压)对工人身体的伤害；降低对工种熟练程度的要求，不再要求每个操作者都是熟练工，解决熟练工不足的问题；使生产过程通用化，有利于产品改型等。

下面我们就来看看工业中机器人的常见应用。

1. 焊接

(1)点焊机器人

点焊机器人(图 1-39)对机器人的要求不是很高。因为点焊只需点位控制，至于焊钳在点与点之间的移动轨迹没有严格要求，这也是机器人最早只能用于点焊的原因。点焊机器人不仅要有足够的负载能力，而且在点与点之间移位时速度要快，动作要平稳，定位要准确，以减少移位时间，提高工作效率。点焊机器人需要有多大的负载能力，取决于所用的焊钳形式。对于用于变压器分离的焊钳，30~45 kg 负载的机器人就足够了。但是，这种焊钳一方面由于二次电缆线长，电能损耗大，也不利于机器人将焊钳伸入工件内部焊接；另一方面，电缆线随机器人运动而不停摆动，电缆的损耗较快。因此，目前一体式焊钳的应用逐渐增多。这种焊钳连同变压器质量约为 70 kg。考虑到机器人要有足够的负载能力，能以较大的加速度将焊钳送到空间位置进行焊接，一般都选用 100~150 kg 负载的重型机器人。为了适应连续点焊时焊钳短距离快速移位的要求。新的重型机器人增加了可在 0.3 s 内完成 50 mm 位移的功能。这对电机的性能，微机的运算速度和算法都提出了更高的要求。

☞ 思考：

点焊机器人的负载需要达到多大呢？

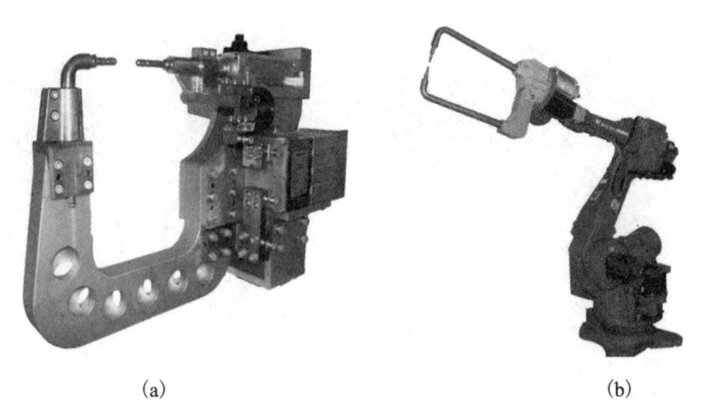

(a) (b)

图 1-39 点焊机器人

☞ 思考：

弧焊机器人与点焊机器人相比，哪种机器人要求更高，为什么？

(2) 弧焊机器人

弧焊过程比点焊过程要复杂得多，工具中心点，也就是焊丝端头的运动轨迹、焊枪姿态、焊接参数都要求精确控制。所以，弧焊用机器人除了前面所述的一般功能外，还必须具备一些适合弧焊要求的功能。

虽然从理论上讲，有 5 个轴的机器人就可以用于电弧焊，但是对复杂形状的焊缝，使用 5 个轴的机器人会有困难。因此，除非焊缝比较简单，否则应尽量选用 6 轴机器人。

弧焊机器人（图 1-40）除前面提及的在进行“之”字形拐角焊或小直径圆焊缝焊接时，其轨迹应能贴近示教的轨迹之外，还应具备不同摆动样式的软件功能，供编程时选用，以便作摆动焊，而且摆动在每一周期中的停顿点处，机器人也应自动停止向前运动，以满足工艺要求。此外，还应有接触寻位、自动寻找焊缝起点位置、电弧跟踪及自动再引弧功能等。

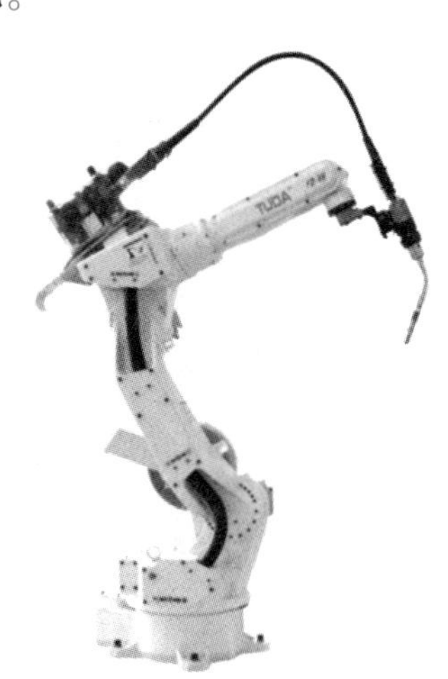

图 1-40 弧焊机器人

2. 搬运

(1) 装配机器人

装配机器人（assembly robot），即为完成装配作业而设计的工业机器人。装配机器人是柔性自动化装配系统的核心设备，由机器人操作机、控制器、末端执行器和传感系统组成。

其中操作机的结构类型有水平关节型、直角坐标型、多关节型和圆柱坐标型等；控制器一般采用多 CPU 或多级计算机系统，实现运动控制和运动编程；末端执行器为适应不同的装配对象而设计成各种手爪；传感系统用来获取装配机器人与环境和装配对象之间相互作用的信息。

常用的装配机器人主要有可编程通用装配（Programmable Universal Manipulatorfor Assembly，PUMA）机器人，最早出现于 1978 年，工业机器人的始祖)操作手和平面双关节型(Selective Compliance Assembly Robot Arm, SCARA)机器人两种类型。

与一般工业机器人相比，装配机器人具有精度高、柔顺性好、工作空间小、能与其他系统配套使用等特点，主要用于各种电器的制造行业。

装配机器人的大量作业是轴与孔的装配，为了在轴与孔存在误差的情况下进行装配，应使机器人具有柔顺性。主动柔顺性是根据传感器反馈信息，而从动柔顺性则利用不带动力的机构来控制手爪的运动以补偿其位置误差。例如美国Draper实验室研制的远心柔顺装置RCC（remote center compliance)，一部分允许轴做侧向移动而不转动，另一部分允许轴绕远心(通常位于离手爪最远的辅端)转动而不移动，分别补偿侧向误差和角度误差，实现轴孔装配。

装配机器人主要用于各种电器制造(如电视机、录音机、洗衣机、电冰箱、吸尘器)小型电动机、汽车及其部件、计算机、玩具、机电产品及其组件的装配等。

(2)码垛机器人

码垛机器人是从事码垛的工业机器人，将已装入容器的物体，按一定排列码放在托盘栈板(木质、塑胶)上，进行自动堆码，可堆码多层，然后推出，便于叉车运至仓库储存。

码垛机器人可以集成在任何生产线中，为生产现场提供智能化、机器人化、网络化作业，可以实现啤酒、饮料和食品行业多种多样作业的码垛物流，广泛应用于纸箱、塑料箱、瓶类、袋类、桶装、膜包产品及罐装产品等。

在使用码垛机器人时，还要考虑一个重要的事情，就是机器人怎样抓住一个产品。

真空吸盘是最常见的末端执行器。相对而言，真空吸盘价格便宜，易于操作，而且能够有效装载大部分负载物。但是在一些特定的应用中，真空吸盘也会遇到问题，例如表面多孔的基质，内容物为液体的软包装，或者表面不平整的包装等。

其他的末端执行器包括翻盖式抓手，它能将一个袋子或者其他包装形式的两边夹住；叉子式抓手，它插入包装的底部来将包装提升起来；还有袋子式抓手，这是翻盖式和叉子式抓手的混合体，它的叉子部分能包裹住包装的底部和两边。也可将基本末端执行器进行组合使用。

3. 表面处理

(1)喷涂机器人

喷涂机器人又叫喷漆机器人(spray painting robot)，是可进行自动喷漆或喷涂其他涂料的工业机器人，1969年由挪威Tralla公司(后并入ABB集团)发明。喷涂机器人主要由机器人本体、供漆系统和相应的控制系统组成，液压驱动的喷涂机器人还包括液压油源，如液压泵、油箱和电动机等。

☞ 思考：

喷涂机器人外部为什么要包一层防护材料?

喷涂机器人多采用5或6自由度关节式结构，手臂有较大的工作空间，并可做复杂的轨迹运动，其腕部一般有2~3个自由度，可灵活运动。较先进的喷涂机器人腕部采用柔性手腕，既可向各个方向弯曲，又可转动，其动作类似人的手腕，能方便地通过较小的孔伸入工件内部，喷涂其内表面。喷涂机器人可采用液压驱动，具有动作速度快、防爆性能好等特点，可通过手把手示教或点位示教来实现示教。喷涂机器人广泛用于汽车、仪表、电器、搪瓷等领域。

(2)打磨抛光机器人

打磨抛光机器人主要有焊缝打磨、铸件表面打磨、堆焊表面打磨等几种。

①焊缝打磨。

在工程机械和容器类等设备上有很多零件要接焊在一起。例如图 1-41 所示就是两块平钢板从两面焊接在一起，由人工对部分焊口进行打磨，还有挖掘机大臂上焊口要进行部分打磨，汽车车门焊接后要进行精密打磨和抛光。

(a)

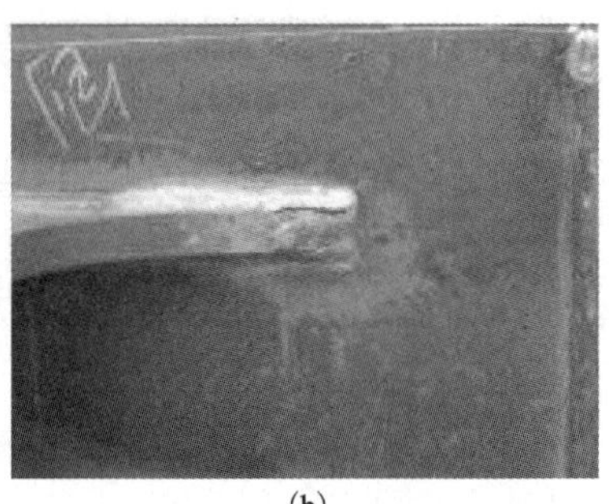

(b)

图 1-41 平钢板间对焊、压力容器焊接

②铸件表面打磨。

很多铸件的实际几何尺寸与设计值误差较大，还有料口、冒口和合模线等，如几吨重的发电机组转动叶轮等。要控制砂带机打磨这些多余部分，使铸件的几何尺寸尽可能地接近其 CAD 模型的尺寸。图 1-42 所示为发动机叶轮等 2 种要打磨抛光铸件示例。

(a)

(b)

图 1-42 发动机叶轮等两种要打磨抛光铸件

③堆焊表面打磨。

一些密炼机转子等关键性零件的整个外表面要堆焊一层耐磨合金。在堆焊前要对外表面进行打磨，去除多余的铸钢，使其几何尺寸误差在一定范围内。在

堆焊后要对外表面进行打磨和抛光，保证其几何尺寸误差和表面光洁度等满足设计要求，如图 1-43～图 1-45 所示。

(a) 打磨前

(b) 打磨后

图 1-43　铸件打磨前和铸件打磨后照片

图 1-44　该零件内孔焊合金后需要打磨

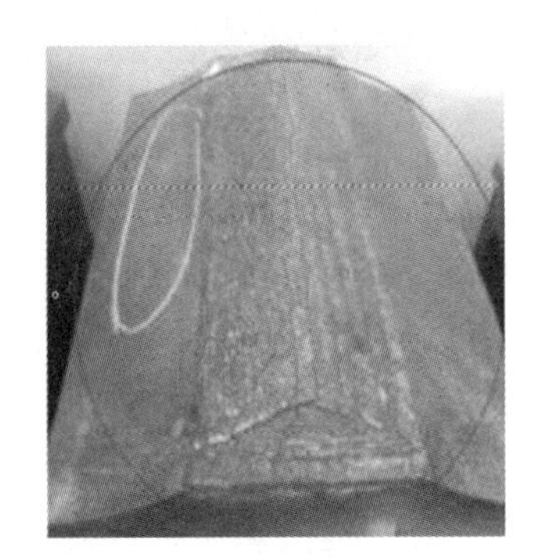

图 1-45　该零件椭圆区域内的弧面及斜平面焊后需要打磨

4. 切割与涂胶

（1）激光切割机器人

激光切割机器人是将机器人技术应用于激光加工中，通过高精度工业机器人实现更加柔性的激光加工作业。系统通过示教盒进行在线操作，也可通过离线方式进行编程。其可用于工件的激光表面处理、打孔、焊接和模具修复等。

（2）水切割机器人

水切割机器人可对自由曲面的复杂工件进行精确的三维切割加工，适用于多种材料（如玻璃、大理石、皮革、塑料、钢板、汽车内饰件等）的高压水切割。采用机器人进行各种复杂形状工件的切割加工在国外已广泛地应用于汽车内外饰件、飞机制造、建材及服装等行业，它可以大大提高工件切割质量和生产效率，并适用于多品种产品的加工，与冲载成型相比，大大降低了模具开发的费用，还可以降低劳动强度，使工人从繁杂的劳动中解脱出来。

(3)涂胶机器人

机器人代替人进行涂胶作业(图1-46),工作量增大,做工更精细,且涂胶质量更好,具体的优势可以列为以下几点:

图1-46 应用于汽车门盖涂胶的FANUC机器人系统

①涂装效率高。单人操作喷涂速率高达200~500 m^2/h,是人工刷涂速率的10~15倍。

②附着力好,涂层寿命长。它利用高压喷射,使雾化的涂料微粒获得强有力的动能;涂料微粒借此动能射达孔隙之中,使漆膜更致密,从而增强漆膜与墙面的机械咬合力,提高涂层附着力,有效延长涂层寿命。

③漆膜质量好,涂层平滑细腻,无刷痕。它将涂料加压喷射雾化成细小的微粒,使其均匀地分布于墙体表面,使乳胶漆在墙面形成光滑、平顺、致密的涂层,无刷痕、滚痕,这是采用人工刷、滚等原始方法无法比拟的。

④漆膜厚度均匀,涂料利用率高。人工刷辊的涂层厚度极不均匀,一般为30~250 μm,涂料利用率低;而无气喷涂很容易获得厚度为30 μm的涂层。

⑤容易到达拐角和空隙。由于采用高压无气喷射,涂料喷雾不含空气,涂料容易到达拐角、缝隙和凹凸不平的位置等难刷部位,尤其对有很多空调消防管道的写字楼天花更适宜。

⑥可喷涂高黏度涂料,而手刷、空气喷涂等均只适用低黏度涂料。

本章小结

本章的目的是为了让读者能够建立机器人的基本概念,章节的第一部分讲解了机器人的定义和特点,主要从机器人的由来、定义、发展意义以及使用机器人的前后成本对比进行讲解。第二部分主要是讲解机器人的分类及应用,对不同类型的机器人进行了分类，特别对工业中、军事中和生活中的机器人进行了介绍。第三部分主要讲解机器人的发展历程，从工业机器人技术的发展，国内外工业集群的发展及现状，机器人未来的发展趋势，以及我国机器人产业的发展瓶颈，行业存在的风险进行了分析。第四部分主要介绍了工业机器人的品牌和产业构成，介绍了国内外工业机器人的品牌及厂家。第五部分对工业机器人的分类和常见应用进行了介绍。

任务实施

问答题：

1. 请写出直角坐标机器人的优缺点。
2. 请写出 SCARA 机器人的优缺点。
3. 串联机器人的优缺点。
4. 请写出并联机器人的优缺点。
5. 焊接机器人分为哪两类，工业机器人在载荷选择时有什么区别？

习　题

1. [单选题]“具有独立的控制系统，动作灵活多样，通过改变控制程序能完成多种作业的机器人。它的工作范围大，定位精度高，通用性能强，但结构复杂，适用于柔性制造系统。”是何种机器人的特点？(　　)

A. 专用机器人　　B. 示教再现机器人
C. 智能机器人　　D. 通用机器人

2. [单选题]“以固定程序在固定地点工作的机器人，其动作少，工作对象专一，结构简单，造价低，适用于在大量生产系统中工作。”是何种机器人的特点？(　　)

A. 专用机器人　　B. 示教再现机器人
C. 智能机器人　　D. 通用机器人

3. [单选题]“具有记忆功能、能完成复杂动作的机器人，它在由人示教操作后，能按示教的顺序、位置、条件与其他信息反复重现示教作业。”是何种机器人的特点？(　　)

A. 专用机器人　　B. 示教再现机器人
C. 智能机器人　　D. 通用机器人

4. [单选题]“具有各种感觉功能和识别功能，能作出决策自动进行反馈纠正的机器人，它采用计算机控制，依赖于识别、学习、推理和适应环境等智能，决定其动作或作业。”是何种机器人的特点？(　　)

A. 专用机器人　　B. 示教再现机器人
C. 智能机器人　　D. 通用机器人

5.[多选题]按驱动方式分类，机器人可以分为以下哪几种？(　　)

A. 气压传动机器人　　B. 电气传动机器人

C. 液压传动机器人　　D. 通用机器人

E. 复合传动机器人

6.[多选题]按应用场合分类，机器人可以分为以下哪几种？(　　)

A. 工业机器人　　B. 可编程序控制机器人

C. 娱乐机器人　　D. 特种机器人

7.[单选题]请问以下是什么发展模式？(　　)

基于完善的工业机器人产业链分工进行发展，机器人制造厂商以面向开发新型工业机器人和批量化生产的机器人产品为发展目标，并由应用工程集成公司针对不同行业的具体工艺与需求，开展工业机器人生产线成套系统的集成应用。

A. 日本模式　　B. 美国模式

C. 欧洲模式　　D. 都不是

8.[单选题]请问以下是什么发展模式？(　　)

为用户单位提供一系列的系统集成解决方案，工业机器人的生产、应用工艺的系统设计与集成调试，均由工业机器人的制造商承担和完成。

A. 日本模式　　B. 美国模式

C. 欧洲模式　　D. 都不是

9.[单选题]请问以下是什么发展模式？(　　)

集成应用，在全球范围内采购工业机器人主机及成套设计的配套设备，由工程公司进口，在进行集成生产线的设计、外围设备的研发与集成调试应用。

A. 日本模式　　B. 美国模式

C. 欧洲模式　　D. 都不是

10.[填空题]世界各国的工业机器人产业发展过程，分为三种不同的发展模式，即__________模式、__________模式和__________模式。

11.[填空题]工业机器人“四大家族”指的是：__________公司、__________公司、__________公司和__________公司。

12.[连线题]请将机器人品牌与其对应的机器人型号连接起来。

ABB	R2000 系列
库卡	IRB 系列
发那科	KR 系列
安川	motorman 系列

13.[单选题]中国工业机器人行业应用占比最大的行业是:(　　)

A. 汽车、电子工业　　B. 橡胶、塑料行业

C. 金属制品行业　　D. 其他

14.[多选题]机器人行业的产业链可分为哪几个部分？(　　)

A. 研发　　B. 零配件生产

C. 机器人单体制造　　D. 系统集成

E. 售后服务

15. [单选题]以下是哪种机器人的特点：位置精度高，控制简单、无耦合，避障性好，但体积较庞大，动作范围小，灵活性差，难与其他机器人协调。(　　)

A. 直角坐标机器人　　B. 平面关节坐标型机器人

C. 并联机器人　　D. 串联机器人

16. [多选题]涂胶机器人代替人进行涂胶作业，工作量可增大，做工更精细，且涂胶质量更好。有以下优点：(　　)

A. 涂装效率高

B. 附着力好，涂层寿命长

C. 漆膜质量好，涂层平滑细腻，无刷痕

D. 漆膜厚度均匀，涂料利用率高。

E. 容易到达拐角和空隙

16. [判断题]点焊对焊接机器人的要求不是很高。因为点焊只需点位控制，至于焊钳在点与点之间的移动轨迹没有严格要求，这也是机器人最早只能用于点焊的原因。(　　)

17. [填空题]请在空格处填写对应的机器人类型。

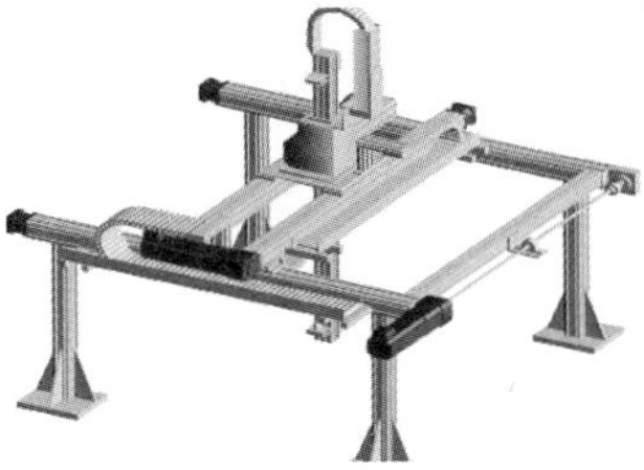

1. ______________

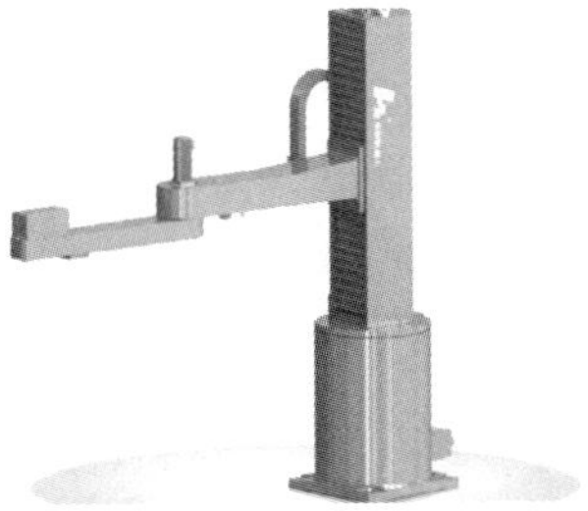

2. ______________

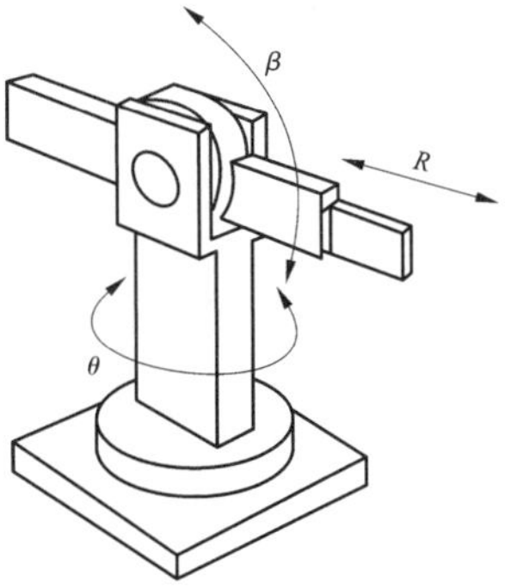

β

R

θ

3. ______________

4. ______________________

5. ______________________

6. ______________________

项目二

工业机器人的基本组成及编程语言

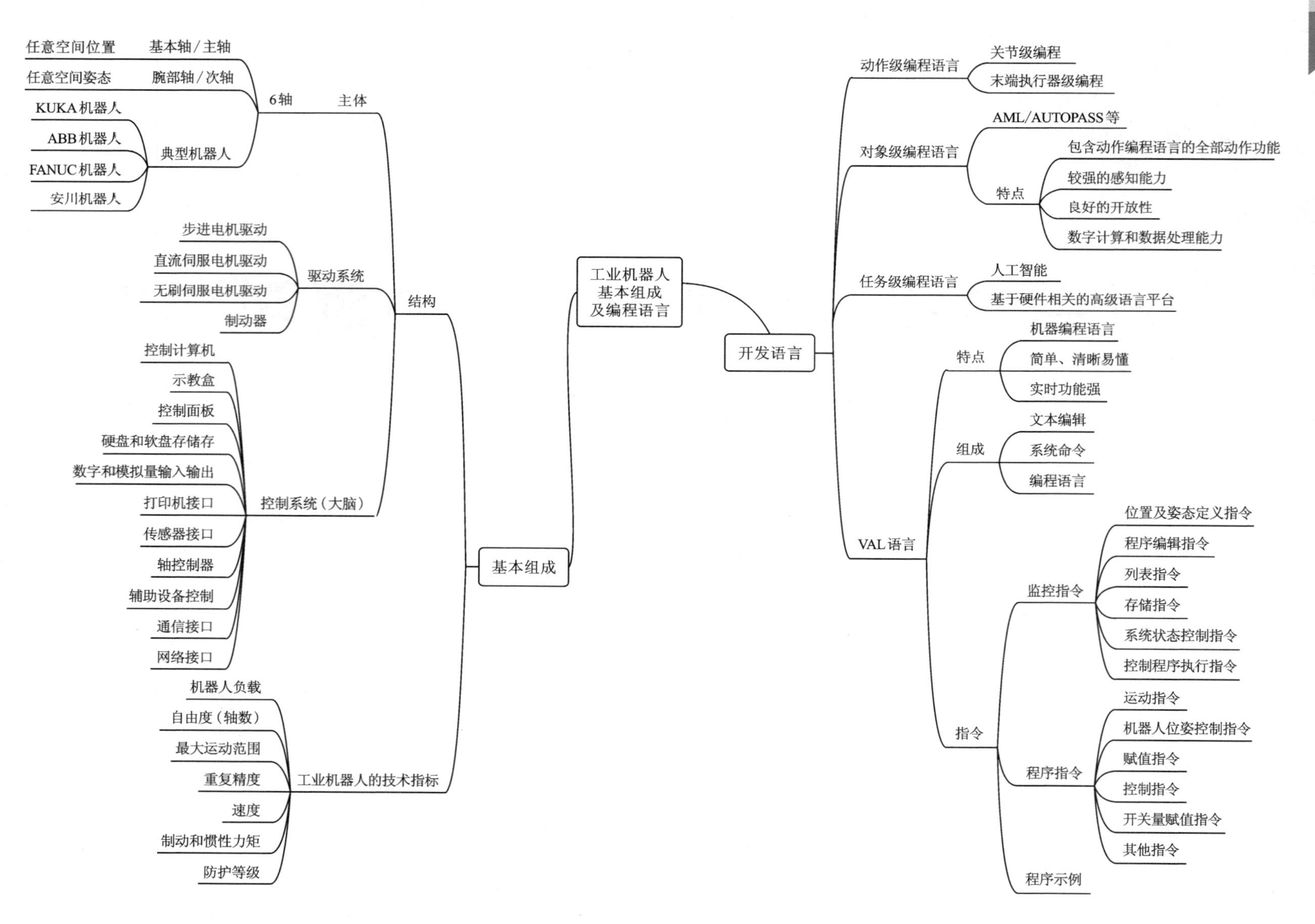

工业机器人基本组成及编程语言
开发语言
动作级编程语言
关节级编程
末端执行器级编程
对象级编程语言
AML/AUTOPASS等
特点
包含动作编程语言的全部动作功能
较强的感知能力
良好的开放性
数字计算和数据处理能力
任务级编程语言
人工智能
基于硬件相关的高级语言平台
VAL语言
特点
机器编程语言
简单、清晰易懂
实时功能强
组成
文本编辑
系统命令
编程语言
指令
监控指令
位置及姿态定义指令
程序编辑指令
列表指令
存储指令
系统状态控制指令
控制程序执行指令
程序指令
运动指令
机器人位姿控制指令
赋值指令
控制指令
开关量赋值指令
其他指令
程序示例
基本组成
结构
主体
6轴
基本轴/主轴
任意空间位置
腕部轴/次轴
任意空间姿态
典型机器人
KUKA机器人
ABB机器人
FANUC机器人
安川机器人
驱动系统
步进电机驱动
直流伺服电机驱动
无刷伺服电机驱动
制动器
控制系统（大脑）
控制计算机
示教盒
控制面板
硬盘和软盘存储存
数字和模拟量输入输出
打印机接口
传感器接口
轴控制器
辅助设备控制
通信接口
网络接口
工业机器人的技术指标
机器人负载
自由度（轴数）
最大运动范围
重复精度
速度
制动和惯性力矩
防护等级

任务1　工业机器人的基本组成

知识目标

1. 了解机器人本体的结构。
2. 了解机器人的动力系统。
3. 了解机器人的减速机构。
4. 了解机器人的控制系统。
5. 掌握工业机器人的核心技术指标。

知识链接

工业机器人由主体、驱动系统和控制系统三个基本部分组成。主体即机座和执行机构，包括腰部、肩部、肘部和手腕部，其中手腕部有3个运动自由度。驱动系统包括动力装置和传动机构，用以使执行机构产生相应的动作。控制系统是按照输入的程序对驱动系统和执行机构发出指令信号，并进行控制。

机器人的基本结构

2.1.1　工业机器人的本体

6轴关节型机器人操作机有6个可活动的关节(轴)。KUKA机器人6轴分别定义为A1、A2、A3、A4、A5和A6；ABB机器人6轴定义为轴1、轴2、轴3、轴4、轴5和轴6，如图2-1所示；FANUC机器人6轴定义为J1轴、J2轴、J3轴、J4轴、J5轴和J6轴；YASKAWA(安川)机器人6轴则定义为S轴、L轴、U轴、R轴、B轴和T轴。其中，A1、A2和A3三轴(轴1、轴2和轴3，J1轴、J2轴和J3轴或S轴、L轴和U轴)称为基本轴或主轴，用于保证末端执行器达到工作空间的任意位置；A4、A5和A6三轴(轴4、轴5和轴6，J4轴、J5轴和J6轴或R轴、B轴和T轴)称为腕部轴或次轴，用于实现末端执行器的任意空间姿态(表2-1，图2-2)。

表2-1　常见工业机器人本体运动轴的定义

轴类型	轴名称				动作说明
	ABB	FANUC	YASKAWA	KUKA	
主轴(基本轴)	轴1	J1	S轴	A1	本体回旋
	轴2	J2	L轴	A2	大臂运动
	轴3	J3	U轴	A3	小臂运动
次轴(腕部运动)	轴4	J4	R轴	A4	手腕旋转运动
	轴5	J5	B轴	A5	手腕上下摆运动
	轴6	J6	T轴	A6	手腕圆周运动

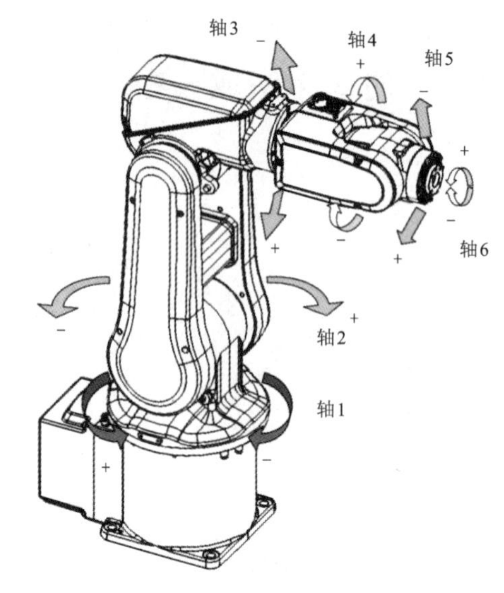

图 2-1 ABB 工业机器人各运动轴的关系

☞ 思考：

数一数这四种机器人有几个关节，想一下为什么是这个数量？

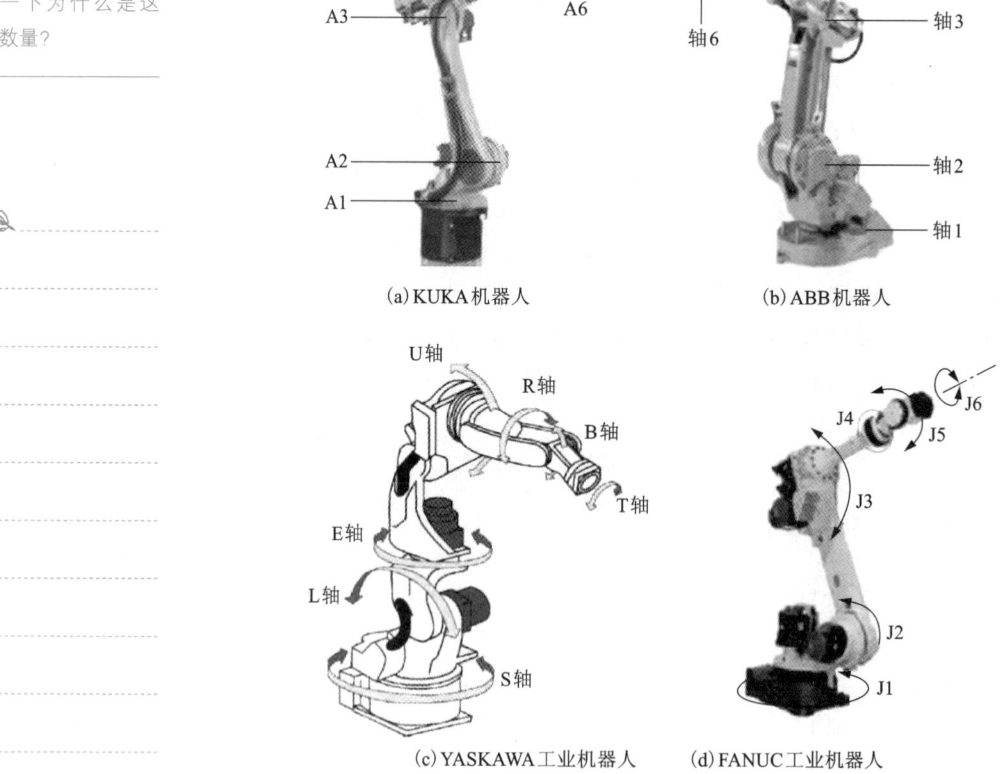

(a) KUKA机器人 (b) ABB机器人

(c) YASKAWA工业机器人 (d) FANUC工业机器人

图 2-2 典型机器人各运动轴

机器人本体的6个自由度，依次为本体回转(S轴)、大臂运动(L轴)、小臂运动(U轴)、手腕旋转运动(R轴)、手腕上下摆动(B轴)、手腕圆周运动(T轴)。机器人采用电机驱动，电机分为步进电机或直流伺服电机。直流伺服电机能构成闭环控制，精度高，额定转速高，但价格较高，而步进电机驱动具有成本低、控制系统简单的特点。

2.1.2　常见工业机器人的动力系统

电动驱动是如今工业机器人最为常用的驱动方式，其利用各种电动机产生的力或力矩，直接或经过减速机构去驱动机器人的关节，以获得所要求的位置、速度和加速度。电动机驱动可分为普通交流电机驱动，交、直流伺服电动机驱动和步进电动机驱动。

普通交、直流电机驱动需加减速装置，输出力矩大，但控制性能差，惯性大，适用于中型或重型机器人。

伺服电动机和步进电动机输出力矩相对小，控制性能好，可实现速度和位置的精确控制，适用于中小型机器人。

交、直流伺服电动机一般用于闭环控制系统，而步进电机主要用于开环控制系统般用于速度和位置精度要求不高的场合。

(1)步进电机驱动

步进电机是一种将电脉冲信号转换成相应的角位移或直线位移的数字/模拟装置。步进电机有回转式步进电机和直线式步进电机，对于回转式步进电机，每输入一个电脉冲，步进电机输出轴就转动一定角度，如果不断地输入电脉冲信号，步进电机就一步步地转动，且步进电机转过的角度与输入脉冲个数成严格比例关系，能方便地实现正、反转控制及调速和定位。步进电机不同于通用的直流和交流电动机，它必须与驱动器和直流电源组成系统才能工作，通常我们所说的步进电机，是指步进电机和驱动器的成套装置，步进电机的性能在很大程度上取决于“矩-频”特性，而“矩-频”特性又和驱动器的性能密切相关。

☞ 思考：

请说出步进电机和伺服电机的区别。

驱动器包括脉冲分配器和功率放大器，也称驱动电源。

脉冲分配器是根据指令把脉冲信号按一定的逻辑关系加到功率放大器上，使各相绕组按一定的顺序和时间导通和切断，并根据指令使电机正转、反转。实现确定的运行方式。其特点如下：

①输出角与输入脉冲严格成比例，且在时间上同步。步进电机的步距角不受各种干涉因素，如电压、电流、波形等的影响，转子的速度主要取决于脉冲信号的频率，总的位移则取决于总脉冲数。

②容易实现正、反转和启、停控制，启停时间短。

③输出转角的精度高，无积累误差。步进电机实际步距角与理论步距角总有一定的误差，且误差可以累加，但当步进电机转过一周后，总的误差又回到零。

④直接用数字信号控制，与计算机接口方便。

⑤维修方便，寿命长。

(2)直流伺服电机驱动

20世纪80年代以前，机器人广泛采用永磁式直流伺服电动机作为执行机构，近年来，直流伺服电机受到了无刷电动机的挑战和冲击，但在中小功率的系统中，永磁式直流伺服电动机仍使用较多。

20世纪70年代大惯量宽调速直流电动机被研制出，旨在尽量提高转矩，改善动态特性，既具有一般直流伺服电动机的优点，又具有小惯量直流伺服电动机的快速响应性能，易与大惯量负载匹配，能较好地满足伺服驱动的要求，因而在高精度数控机床和工业机器人等机电一体化产品中得到了广泛的应用。

直流伺服电机驱动特点总结如下：

优点：启动转矩大，体积小，质量小，转速易控制，效率高。

缺点：有电刷和换向器，需要定期维修、更换电刷，电动机使用寿命短、噪声大。

(3)无刷伺服电动机驱动

直流电动机在结构上存在机械换向器和电刷，使它具有一些难以克服的固有缺点，如维护困难、寿命短、转速低(通常低于200 r/min)、功率体积比不高等。将直流电动机的定子和转子互换位置，形成无刷电动机转子由永磁铁组成，定子绕有通电线圈，并安装用于检测转子位置的霍尔元件、光码盘或旋转编码器。无刷电动机的检测元件检测转子的位置，决定电流的换向。

无刷直流电动机在运行过程中要进行转速和换向两种控制，控制提供给定子线圈的电流，就可以控制转子的转速；在转子到达指定位置时，霍尔元件检测到该位置并改变定子导通相，实现定子磁场改变，从而实现无接触换向。同直流电动机相比，无刷电动机具有以下优点：无刷电动机没有电刷，不需要定期维护，可靠性更高。没有机械换向装置，因而它有更高的转速。克服了大电流在机械式换向器换向时易产生火花、电蚀的缺点，因而可以制造更大容量的电动机。无刷电动机分为无刷直流电机和无刷交流电机(交流伺服电机)两种。

无刷直流电动机迅速推广应用的重要因素之一是近10多年来大功率集成电路技术的进步，特别是无刷直流电机专用的控制集成电路出现，缓解了良好控制性能和昂贵成本的矛盾。

近年来，在机器人中，交流伺服电机正在取代传统的直流伺服电动机。

交流伺服电机的发展速度取决于PWM控制技术，高速运算芯片(如DSP)和先进的控制理论，如矢量控制、直接转矩控制等。电机控制系统通过引入微处理芯片实现模拟控制向数字控制的转变，数字控制系统促进了各种现代控制理论的应用，非线性解耦控制、人工神经网络、自适应控制、模糊控制等控制策略纷纷引入电机控制中，由于微处理器的处理速度和存储容量都有大幅度的提高，一些复杂的算法也能实现，原来由硬件实现的任务在通过算法实现，不仅提高了可靠度，还降低了成本。

(4)制动器

许多机器人的机械臂都需要在关节处安装制动器，其作用是：在机器人停止工作时，保持机械臂的位置不变，在电源发生故障时，保护机械臂和它周围的物体不发生碰撞。例如，齿轮、谐波齿轮机构和滚珠丝杠等元件的质量较大，一般摩擦力都很小，在驱动器停止工作的时候，它们是不能承受负载的。如果不采用制动器、加紧器或止挡等装置，一旦电源关闭，机器人的各个部件就会在重力的作用下滑落。

制动器通常是按失效抱闸方式工作的，即要放松制动器就必须接通电源，否则，各关节不能产生相对运动。它的主要目的是在电源出现故障时起保护作用。其缺点是在工作期间要不断消耗电能使制动器放松。

为了使关节定位准确，制动器必须有足够高的定位精度，制动器应当尽可能地放在系统的驱动输入端，这样利用传动链速比，能够减少制动器的轻微滑动所引起的系统移动，保证在承载条件下具有较高的定位精度。

2.1.3　工业机器人的减速机构

目前，在工业机器人中广泛采用的机械传动单元是减速器，与通用减速器相比，机器人关节减速器要求具有传动链短、体积小、功率大、质量小和易于控制等特点。常用的减速器主要有 RV 减速器和谐波减速器。RV 减速器一般用在腰关节、肩关节和肘关节等重载位置处，而谐波减速器用于手腕的三个关节等轻载位置处。

☞ 思考：

机器人为什么要加减速器？

(1)谐波减速器

谐波减速器由固定的刚性内齿轮，一个工作时可产生径向弹性变形并带有外齿的柔轮和一个装在柔轮内部、呈椭圆形、外圈带有柔性滚动轴承的波发生器 3 个基本构件组成。当波发生器转入柔轮后，迫使柔轮的剖面由原先的圆形变为椭圆形，其长轴两端附近的齿与刚轮的齿完全啮合，而短轴两端附近的齿则与刚轮完全脱开，其他区段的齿处于啮合和脱离的过渡状态，如图 2-3 所示。

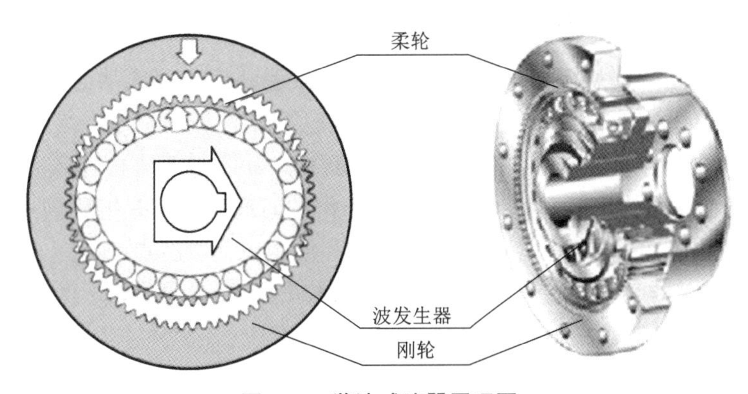

图 2-3　谐波减速器原理图

(2)RV 减速器

与谐波减速器相比，RV 减速器(图 2-4)具有较高的抗疲劳强度和刚度以及较长的寿命，而且回差精度稳定，不像谐波传动，随着使用时间的增长，运动精度显著降低，故高精度机器人传动多采用 RV 减速器，且有逐渐取代谐波减速器的趋势。RV 减速器是由第一级渐开线圆柱齿轮行星减速机构和第二级摆线针轮行星减速机构组成，是一封闭差动轮系。

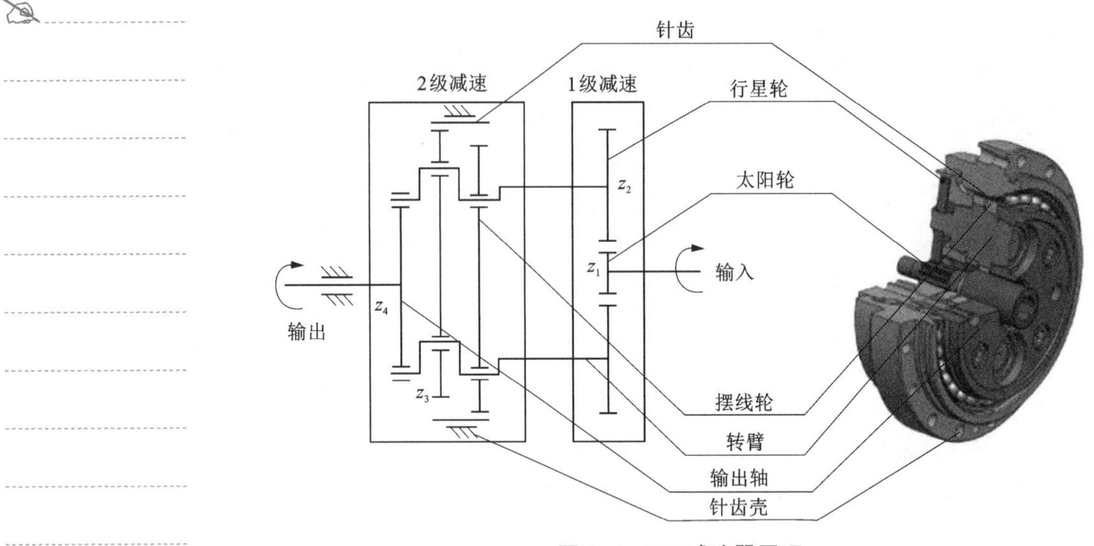

图 2-4 RV 减速器原理

目前，在工业机器人中常用的驱动电机是交流伺服电机。交流伺服电机为恒力矩输出，即在其额定转速(一般为 2000 r/min 或 3000 r/min)以内，都能输出额定转矩，在额定转速以上为恒功率输出。交流伺服电机具有较强的过载能力，具有速度过载和转矩过载能力，其最大转矩可达额定转矩的 3 倍，可用于克服惯性负载在启动瞬间的惯性力矩。

2.1.4 工业机器人的控制系统

思考：

什么是数字量？什么是模拟量？

机器人控制系统是机器人的大脑(图 2-5)，是决定机器人功能和性能的主要因素。机器人控制器是根据指令以及传感信息控制机器人完成一定动作或作业任务的装置。工业机器人控制技术的主要任务就是控制工业机器人在工作空间中的运动位置、姿态和轨迹、操作顺序及动作的时间等，具有编程简单、软件菜单操作、人机交互界面友好、在线操作提示和使用方便等特点。

①控制计算机：控制系统的调度指挥机构。一般为微型机、微处理器有 32 位、64 位等，如奔腾系列 CPU 以及其他类型 CPU。

②示教器：也称示教编程器或示教盒，主要由液晶屏幕和操作按键组成，可由操作者手持移动。它是机器人的人机交互接口，机器人的所有操作基本上都是通过示教器完成的，如点动机器人，编写、测试和运行机器人程序，设定、查阅机器人状态设置和位置等。

③操作面板：由各种操作按键、状态指示灯构成，只完成基本功能操作。

④硬盘和软盘存储存：储机器人工作程序的外围存储器。

⑤数字和模拟量输入输出：各种状态和控制命令的输入或输出。

⑥打印机接口：记录需要输出的各种信息。

⑦传感器接口：用于信息的自动检测，实现机器人柔性控制，一般为力觉、触觉和视觉传感器。

⑧轴控制器：完成机器人各关节位置、速度和加速度控制。

⑨辅助设备控制：用于和机器人配合的辅助设备控制，如手爪变位器等。

⑩通信接口：实现机器人和其他设备的信息交换，一般有串行接口、并行接口等。

⑪网络接口。

Ethernet 接口：可通过以太网实现单台或数台机器人的直接 PC 通信，数据传输速率高达 10 Mbit/s，可直接在 PC 上用 windows 库函数进行应用程序编程之后，支持 TCP/IP 通信协议，通过 Ethernet 接口将数据及程序装入各个机器人控制器中。

Fieldbus 接口：支持多种流行的现场总线规格，如 Devicenet、ABRemoteI/O、Interbus-s、profibus-DP、M-NET 等。

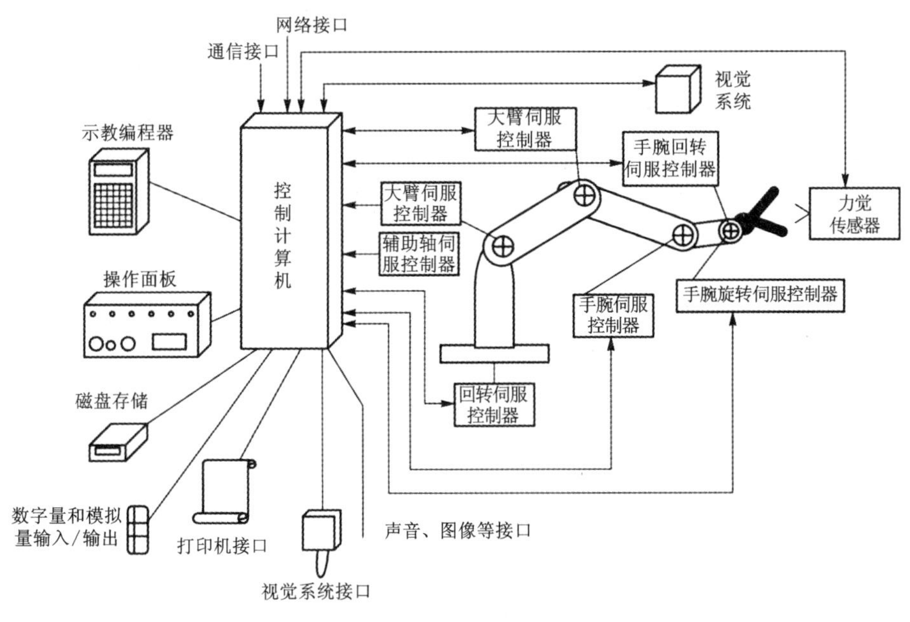

图 2-5　机器人的控制系统

2.1.5　工业机器人的技术指标

1. 机器人负载

负载是指机器人在工作时能够承受的最大载重。如果你需要将零件从一台机器人处搬到另外一处，你需要将机器人的夹爪重量和工件的重量计算在负载内。

2. 自由度(轴数)

☞ 思考：
我们应如何选择机器人的轴数?

机器人轴的数量决定了其自由度。如果只是进行一些简单的应用，例如在传送带之间拾取放置零件，那么4轴的机器人就足够了。如果机器人需要在一个狭小的空间内工作，而且机械臂需要扭曲反转，6轴或者7轴的机器人是最好的选择。轴的数量选择通常取决于具体的应用。需要注意的是，轴数多一点并不只为灵活性。事实上，如果你在想把机器人用于其他的应用，你可能需要更多的轴，“轴”到用时方恨少。不过轴多了也有缺点，如果一个6轴的机器人只需要其中的4轴，你还是得为剩下的那2个轴编程。机器人制造商倾向于用稍微有区别的名字为轴或者关节命名。一般来说，最靠近机器人基座的关节为J1，接下来是J2，J3，J4，…，以此类推，直到腕部。还有一些厂商像安川莫托曼则使用字母为轴命名。

3. 最大运动范围

在选择机器人的时候，需要了解机器人要到达的最大距离。选择机器人不单要关注负载和轴数，还要关注其最大运动范围。每个公司都会给出机器人的运动范围，可以从中看出是否符合应用的需要。最大垂直运动范围是指机器人腕部能够到达的最低点(通常低于机器人的基座)与最高点之间的范围。最大水平运动范围是指机器人腕部能水平到达的最远点与机器人基座中心线的距离。你还需要参考最大动作范围(用度表示)，这些规格不同的机器人区别很大，对某些特定的应用存在限制。

4. 重复定位精度

☞ 思考：
什么是机器人的重复定位精度，精度有多高?

重复定位精度是机器人在完成每一个循环后，到达同一位置的精确度(差异度)。通常来说，机器人可以达到0.5 mm以内的精度，甚至更高。这个参数的选择也取决于应用。例如，如果机器人是用于制造电路板，就需要一台超高重复定位精度的机器人。如果所从事的应用精度要求不高，那么机器人的重复定位精度也可以不用那么高。精度在2D视图中通常用“±”表示。实际上，由于机器人运动并不是线性的，其可以在公差半径内的任何位置。

5. 速度

☞ 思考：
什么是机器人的绝对定位精度，精度有多高?

速度对于不同的用户需求也不同，它取决于工作需要完成的时间。规格表上通常只是给出最大速度，机器人能提供的速度介于0和最大速度之间，其单位通常为“°/s”。一些机器人制造商还给出了最大加速度。

机器人质量对于设计机器人单元也是一个重要的参数。如果工业机器人需要安装在定制的工作台甚至轨道上，你需要知道它的质量并设计相应的支撑。

6. 制动和惯性力矩

机器人制造商一般都会列出制动系统的相关信息，一些机器人会列出所有轴的制动信息。为在工作空间内确定精准和可重复的位置，你需要足够数量的制动。机器人特定部位的惯性力矩可以向制造商索取。这对机器人的安全至关重要。同时还应该关注各轴的允许力矩，例如你的应用需要一定的力矩去完成时，就需要检查该轴的允许力矩能否满足要求；如果不能，机器人很可能会因为超负载而发生故障。

7. 防护等级

这个也取决于机器人应用时所需要的防护等级。机器人与食品相关的产品、实验室仪器、医疗仪器一起工作或者处在易燃的环境中，其所需的防护等级不同。这是一个国际标准，需要区分实际应用所需的防护等级，或者按照当地的规范选择。一些制造商会根据机器人工作的环境不同而为同型号的机器人提供不同的防护等级。

任务实施

1. 请将机器人的轴1、轴2、轴3、轴4、轴5、轴6在下图中标出。

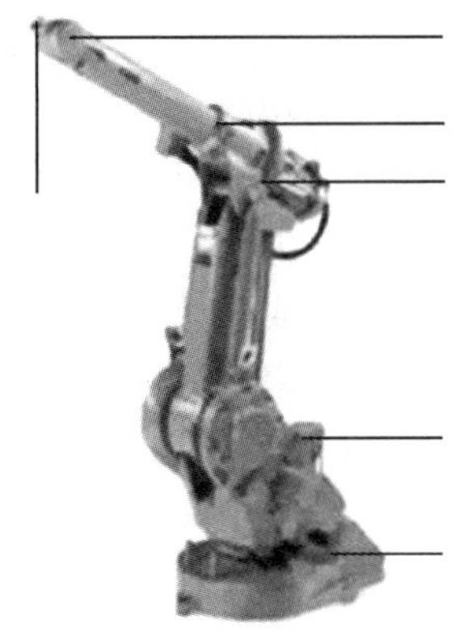

ABB机器人

2. 电动驱动已成为工业机器人的主要驱动方式，请写出电动驱动的主要方式。

3. 工业机器人常用的减速器有那两种？

4. 工业机器人的主要技术指标有哪些？

任务2 工业机器人的开发语言

知识目标

1. 了解机器人的动作级、对象级、任务级编程语言。
2. 了解VAL语言。

知识链接

机器人的开发语言

机器人的开发语言一般为C、C++、C++ Builder、VB等，主要取决于执行机构(伺服系统)的开发语言；而机器人编程分为动作级编程语言、对象级编程语言和任务级编程语言三个级别。机器人编程语言分为专用操作语言(如VAL语言、AL语言、SLIM语言等)、应用已有计算机语言的机器人程序库(Pascal语言、AR语言、Ar-BASIC-语言等)、应用新型通用语言的机器人程序库(如RAPID语言、AML语言 KAREL语言等)三种类型。目前主要应用的是SLIM语言。

随着机器人的发展，机器人语言也得到了发展和完善，机器人语言已成为机器人技术的一个重要部分。机器人的功能除了依靠机器人硬件的支持外，还有相当一部分依赖机器人语言来完成。早期的机器人由于功能单一，动作简单，可采用固定程序或示教方式来控制机器人的运动。随着机器人作业动作的多样化和作业环境的复杂化，依靠固定的程序或示教方式已满足不了要求，必须依靠能适应作业和环境随时变化的机器人语言来完成机器人的工作

机器人语言种类繁多，而且新的语言层出不穷。这是因为机器人的功能不断拓展，需要新的语言来配合其工作。另一方面，机器人语言多是针对某种类型的具体机器人而开发的，所以机器人语言的通用性很差，几乎一种新的机器人问世，就有一种新的机器人语言与之配套。

2.2.1 动作级编程语言

动作级编程语言是最低一级的机器人语言。它以机器人的运动描述为主，通常一条指令对应机器人的一个动作，表示从机器人的一个位姿运动到另一个位姿。动作级编程语言的优点是比较简单，编程容易。其缺点是功能有限，无法进行复杂的数学运算，不接受浮点数和字符串运算，子程序不含自变量；不能接受复杂的传感器信息，只能接受传感器开关信息；与计算机的通信能力很差。典型的动作级编程语言为VAL语言，如VAL语言语句“MOV TO(destination)”的含义为机器人从当前位姿运动到目标位姿。

动作级编程语言分为关节级编程和末端执行器级编程。

(1)关节级编程

关节级编程是以机器人的关节为对象，编程时给出机器人各关节位置的时间序列，在关节坐标系中进行的一种编程方法。对于直角坐标型机器人和圆柱坐标

型机器人，由于直角关节和圆柱关节的表示比较简单，这种方法编程较为适用；而对具有回转关节的关节型机器人，由于关节位置的时间序列表示困难，即使一个简单的动作也要经过许多复杂的运算，故这一方法并不适用。

关节级编程可以通过简单的编程指令来实现，也可以通过示教盒示教和键入示教实现。

(2)末端执行器级编程

末端执行器级编程是在机器人作业空间的直角坐标系中进行。在此直角坐标系中给出机器人末端执行器一系列位姿组成位姿的时间序列，连同一些其他辅助功能如力觉、触觉、视觉等的时间序列，同时确定作业量、作业工具等，协调地进行机器人动作的控制。

这种编程方法允许有简单的条件分支，有感知功能，可以选择和设定工具，有时还有并行功能，数据实时处理能力强。

2.2.2　对象级编程语言

所谓对象即作业及作业物体本身。对象级编程语言是比动作级编程语言高一级的编程语言，它不需要描述机器人手爪的运动，只要由编程人员用程序的形式给出作业本身顺序过程的描述和环境模型的描述，即描述操作物与操作物之间的关系，通过编译程序机器人即能知道如何动作。

这类语言典型的例子有 AML 及 AUTOPASS 等，其特点为：

①具有动作级编程语言的全部动作功能；

②有较强的感知能力，能处理复杂的传感器信息，可以利用传感器信息来修改、更新环境的描述和模型，也可以利用传感器信息进行控制、测试和监督；

③具有良好的开放性，语言系统提供了开发平台，用户可以根据需要增加指令，扩展语言功能；

④数字计算和数据处理能力强，可以处理浮点数，能与计算机进行即时通信。

对象级编程语言用接近自然语言的方法描述对象的变化。对象级编程语言的运算功能、作业对象的位姿时序、作业量、作业对象承受的力和力矩等都可以以表达式的形式出现。系统中机器人尺寸参数、作业对象及工具等参数一般以知识库和数据库的形式存在，系统编译程序时获取这些信息后对机器人动作过程进行仿真，再进行确定作业对象合适的位姿，获取传感器信息并处理，回避障碍以及与其他设备通信等工作。

2.2.3　任务级编程语言

任务级编程语言是比前两类更高级的一种语言，也是最理想的机器人高级语言。这类语言不需要用机器人的动作来描述作业任务，也不需要描述机器人对象物的中间状态过程，只需要按照某种规则描述机器人对象的初始状态和最终目标状态，机器人语言系统即可利用已有的环境信息和知识库、数据库自动进行推理、计算，从而自动生成机器人详细的动作、顺序和数据。

例如，一装配机器人欲完成某一螺钉的装配，螺钉的初始位置和装配后的目标位置已知，当发出抓取螺钉的命令时，语言系统从初始位置到目标位置之间寻找路径，在复杂的作业环境中找出一条不会与周围障碍物产生碰撞的合适路径，在初始位置处选择恰当的姿态抓取螺钉，沿此路径运动到目标位置。在此过程中，作业中间状态作业方案的设计、工序的选择、动作的前后安排等一系列问题都由计算机自动完成。

任务级编程语言的结构十分复杂，需要人工智能的理论基础和大型知识库、数据库的支持，是一种理想状态下的语言，目前还不是十分完善，有待进一步的研究。但可以相信，随着人工智能技术及数据库技术的不断发展，任务级编程语言必将取代其他语言而成为机器人语言的主流，使机器人的编程应用变得十分简单。

一般用户接触到的语言都是机器人公司自己开发的针对用户的语言平台，通俗易懂，在这一层次，每一个机器人公司都有自己的语法规则和语言形式，这些都不重要，因为这层是给用户示教编程使用的。在这个语言平台之后是一种基于硬件相关的高级语言平台，如 C 语言、C++语言、基于 IEC61131 标准语言等，这些语言是机器人公司进行机器人系统开发时所使用的语言平台，这一层次的语言平台可以编写翻译解释程序，针对用户示教的语言平台编写的程序进行翻译，解释成该层语言所能理解的指令，该层语言平台主要进行运动学和控制方面的编程，再底层就是硬件语言，如基于 Intel 硬件的汇编指令等。

☞ 思考：

请说出动作级编程语言、对象级编程语言和任务级编程语言的区别。

商用机器人公司提供给用户的编程接口一般都是自己开发的简单的示教编程语言系统，机器人控制系统提供商提供给用户的一般是第二层语言平台，在这一平台层次，控制系统供应商可能提供了机器人运动学算法和核心的多轴联动插补算法，用户可以针对自己设计的产品应用自由地进行二次开发，该层语言平台具有较好的开放性，但是用户的工作量也相应增加，这一层次的平台主要是针对机器人开发厂商的平台，如欧系一些机器人控制系统供应商就是基于 IEC61131 标准的编程语言。平台最底层的汇编语言级别的编程环境我们一般不用太关注，这些是控制系统芯片硬件厂商的事。

各家工业机器人公司的机器人编程语言都不相同，但是不论变化多大，其关键特性都很相似。如 Staubli 机器人的编程语言叫作 VAL3，风格和 BASIC 语言相似；ABB 的编程语言的叫作 RAPID，风格和 C 语言相似；还有 Adept Robotics 的 V+、FANUC、KUKA、MOTOMAN 都有专用的编程语言，而由于机器人的发明公司 Unimation 公司最开始的语言就是 VAL，所以这些语言结构都存在相似性。

2.2.4 VAL 语言

1. VAL 语言及特点

VAL 语言是美国 Unimation 公司于 1979 年推出的一种机器人编程语言，主要配置在 PUMA 和 UNIMATION 等型号机器人上，是一种专用的动作类描述语言。VAL 语言是在 BASIC 语言的基础上发展起来的，所以与 BASIC 语言的结构很相似。在 VAL 的基础上，Unimation 公司推出了 VALⅡ语言。

VAL 语言可应用于上下两级计算机控制的机器人系统。上位机为 LSI-11/23，编程在上位机中进行，上位机进行系统的管理；下位机为 6503 微处理器，主要控制各关节的实时运动。编程时可以 VAL 语言和 6503 汇编语言混合编程。

VAL 语言命令简单、清晰易懂，描述机器人作业动作及与上位机的通信均较方便，实时功能强；可以在在线和离线两种状态下编程，适用于多种计算机控制的机器人；能够迅速地计算出不同坐标系下复杂运动的连续轨迹，能连续生成机器人的控制信号，可以与操作者交互地在线修改程序和生成程序；VAL 语言包含有一些子程序库，通过调用各种不同的子程序可很快组合成复杂操作控制；能与外部存储器进行快速数据传输以保存程序和数据。

VAL 语言系统包括文本编辑、系统命令和编程语言 3 个部分。

在文本编辑状态下可以通过键盘输入文本程序，也可通过示教盒在示教方式下输入程序。在输入过程中可修改、编辑、生成程序，最后保存到存储器中。在此状态下也可以调用已存在的程序。

系统命令包括位置定义、程序和数据列表、程序和数据存储、系统状态设置和控制、系统开关控制、系统诊断和修改。

编程语言把一条条程序语句转换执行。

2. VAL 语言的指令

VAL 语言包括监控指令和程序指令 2 种。其中监控指令有 6 类，分别为位置及姿态定义指令、程序编辑指令、列表指令、存储指令、控制程序执行指令和系统状态控制指令。各类指令的具体形式及功能如下：

(1) 监控指令

1) 位置及姿态定义指令。

POINT 指令：执行终端位置、姿态的齐次变换或以关节位置表示的精确点位赋值。

其格式有两种，即 POINT<变量>[=<变量 2>…<变量 n>] 和或 POINT<精确点>[=<精确点 2>]。

例如：POINT PICK1=PICK2，该指令的功能是置变量 PICK1 的值等于 PICK2 的值。

又如：POINT #PARK，是准备定义或修改精确点 PARK。

DPOINT 指令：删除包括精确点或变量在内的任意数量的位置变量。

HERE 指令：此指令使变量或精确点的值等于当前机器人的位置。

例如：HERE PLACK，是定义变量 PLACK 等于当前机器人的位置。

WHERE 指令：该指令用来显示机器人在直角坐标空间中的当前位置和关节变量值。

BASE 指令：用来设置参考坐标系，系统规定参考系原点在关节 1 和 2 轴线的交点处，方向沿固定轴的方向。

格式：

BASE[<dX>],[<dY>],[<dZ>],[<Z 向旋转方向>]

例如：BASE 300，0，-50，30，是重新定义基准坐标系的位置，它从初始位置向 X 方向移 300，沿 Z 的负方向移 50，再绕 Z 轴旋转 30°。

TOOLI 指令：此指令的功能是对工具终端相对工具支承面的位置和姿态赋值。

2)程序编辑指令。

EDIT 指令：此指令允许用户建立或修改一个指定名字的程序，可以指定被编辑程序的起始行号，其格式为

EDIT [<程序名>],[<行号>]

如果没有指定行号，则从程序的第一行开始编辑；如果没有指定程序名，则上次最后编辑的程序被响应。

用 EDIT 指令进入编辑状态后，可以用 C、D、E、I、L、P、R、S、T 等命令来进一步编辑，如：

C 命令：改变编辑的程序，用一个新的程序代替。

D 命令：删除从当前行算起的 n 行程序，n 缺省时为删除当前行。

E 命令：退出编辑返回监控模式。

I 命令：将当前指令下移一行，以便插入一条指令。

P 命令：显示从当前行往下 n 行的程序文本内容。

T 命令：初始化关节插值程序示教模式，在该模式下，按一次示教盒上的“RECODE”按钮就将 MOVE 指令插到程序中。

3)列表指令。

DIRECTORY 指令：显示存储器中的全部用户程序名。

LISTL 指令：显示任意个位置变量值。

LISTP 指令：显示任意个用户的全部程序。

4)存储指令。

FORMAT 指令：执行磁盘格式化。

STOREP 指令：在指定的磁盘文件内存储指定的程序。

STOREL 指令：此指令存储用户程序中注明的全部位置变量名和变量值。

LISTF 指令：显示软盘中当前输入的文件目录。

LOADP 指令：将文件中的程序送入内存。

LOADL 指令：将文件中指定的位置变量送入系统内存。

DELETE 指令：此指令撤销磁盘中指定的文件。

COMPRESS 指令：只用来压缩磁盘空间。

ERASE 指令：擦除磁内容并初始化。

5)控制程序执行指令。

ABORT 指令：执行此指令后紧急停止(紧停)。

DO 指令：执行单步指令。

EXECUTE 指令：此指令执行用户指定的程序 n 次，n 可以从 -32768 到 32767，当 n 被省略时，程序执行一次。

NEXT 指令：此命令控制程序在单步方式下执行。

PROCEED 指令：此指令实现在某一步暂停、急停或运行错误后，自下一步起继续执行程序。

RETRY 指令：指令的功能是在某一步出现运行错误后，仍自那一步重新运行程序。

SPEED 指令：指令的功能是指定程序控制下机器人的运动速度，其值从 0.01 到 327.67，一般正常速度为 100。

6）系统状态控制指令。

CALIB 指令：此指令校准关节位置传感器。

STATUS 指令：显示用户程序的状态。

FREE 指令：显示当前未使用的存储容量。

ENABL 指令：开、关系统硬件。

ZERO 指令：清除全部用户程序和定义的位置，重新初始化。

DONE：此指令停止监控程序，进入硬件调试状态。

（2）程序指令

1）运动指令。

指令包括 GO、MOVE、MOVEI、MOVES、DRAW、APPRO、APPROS、DEPART、DRIVE、READY、OPEN、OPENI、CLOSE、CLOSEI、RELAX、GRASP 及 DELAY 等。

这些指令大部分具有使机器人按照特定的方式从一个位姿运动到另一个位姿的功能，部分指令表示机器人手爪的开合。例如：MOVE #PICK!，表示机器人由关节插值运动到精确 PICK 所定义的位置。“!”表示位置变量已有自己的值。

MOVET<位置>，<手开度>

功能是生成关节插值运动使机器人到达位置变量所给定的位姿，运动中若手为伺服控制，则手由闭合改变到手开度变量给定的值。

又例如：OPEN [<手开度>]，表示使机器人手爪打开到指定的开度。

2）机器人位姿控制指令。

这些指令包括 RIGHTY、LEFTY、ABOVE、BELOW、FLIP 及 NOFLIP 等。

3）赋值指令。

赋值指令有 SETI、TYPEI、HERE、SET、SHIFT、TOOL、INVERSE 及 FRAME。

4）控制指令。

控制指令有 GOTO、GOSUB、RETURN、IF、IFSIG、REACT、REACTI、IGNORE、SIGNAL、WAIT、PAUSE 及 STOP。

其中 GOTO、GOSUB 实现程序的无条件转移，而 IF 指令执行有条件转移。IF 指令的格式为

IF <整型变量 1><关系式><整型变量 2><关系式>THEN<标识符>

该指令比较两个整型变量的值，如果关系状态为真，程序转到标识符指定的行去执行，否则接着下一行执行。关系表达式有 EQ（等于）、NE（不等于）、LT

(小于)、GT(大于)、LE(小于或等于)及GE(大于或等于)。

5)开关量赋值指令。

指令包括SPEED、COARSE、FINE、NONULL、NULL、INTOFF及INTON。

6)其他指令。

其他指令包括REMARK及TYPE。

(3)程序示例

将物体从A位置(PICK)搬运至B位置(PLACE)。

表2-2 机器人的常用指令

EDIT DEMO	启动编程
PROGRAM DEMO	VAL响应
OPEN	下一步打开夹爪
APPRO PICK 100	移动到距离PICK点的100 mm处
SPEED 20	下一步速度降至全速的20%
MOVE PICK	移动至PICK点
CLOSE I	立即闭合抓手
DEPART 90	沿着闭合手抓的方向退回90 mm
APPROS PLACE 90	沿直线运动至PLACE 90 mm处
SPEED 20	速度降至全速的20%
MOVES PLACE	直线运动到PLACE位置
OPEN I	立刻张开抓手
DEPART 50	从当前位置后退50 mm
E	结束编程

任务实施

1. VAL语言是哪种级别的编程语言，为什么？
2. 请写出VAL语言中的4条常用指令，并说明指令的功能。

本章小结

本章的主要内容是工业机器人的基本组成及编程语言。章节分成两个部分，第一个部分主要讲解机器人的基本组成，对机器人的主体动力系统、减速机构、控制系统、技术指标进行了分模块讲解。第二个部分主要讲解工业机器人的开发语言，从动作级编程语言，对象级编程语言，任务级编程语言和VAL语言这4个方面进行讲解。通过本章的学习，读者能对机器人的基本构成和编程语言有基本的认识。

习　题

1. [单选题]称为机器人系统中枢的是(　　)。

A. 电机　　B. 示教器　　C. 机械臂　　D. 控制柜

2. [单选题]工业机器人的基本组成部分不包括(　　)。

A. 机械系统　　B. 控制系统　　C. 外轴系统

3. [多选题]机器人系统由(多选)部分组成(　　)。

A. 本体　　B. 外围设备　　C. 示教器　　D. 控制柜

4. [多选题]工业机器人常用的驱动方式主要有(　　)

A. 气压驱动　　B. 液压驱动　　C. 内燃机驱动　　D. 电气驱动

5. [判断题]按照机器人的用途可以分为 5 kg，10 kg，20 kg 等类型。(　　)

6. [单选题]AML 及 AUTOPASS 等语言是何种类型的编程语言？(　　)

A. 动作级编程语言　　B. 任务级编程语言

C. 对象级编程语言　　D. 不知道

7. [填空题]机器人的编程语言分为 3 种，即________级编程语言、________级编程语言、__________级编程语言。

8. [判断题]关节级编程是以机器人的关节为对象，编程时给出机器人一系列各关节位置的时间序列，在关节坐标系中进行的一种编程方法。(　　)

9. [简答题]请说明在 VAL 语言中，以下指令的含义：MOVE PICK。

项目三

工业机器人的运动学基础

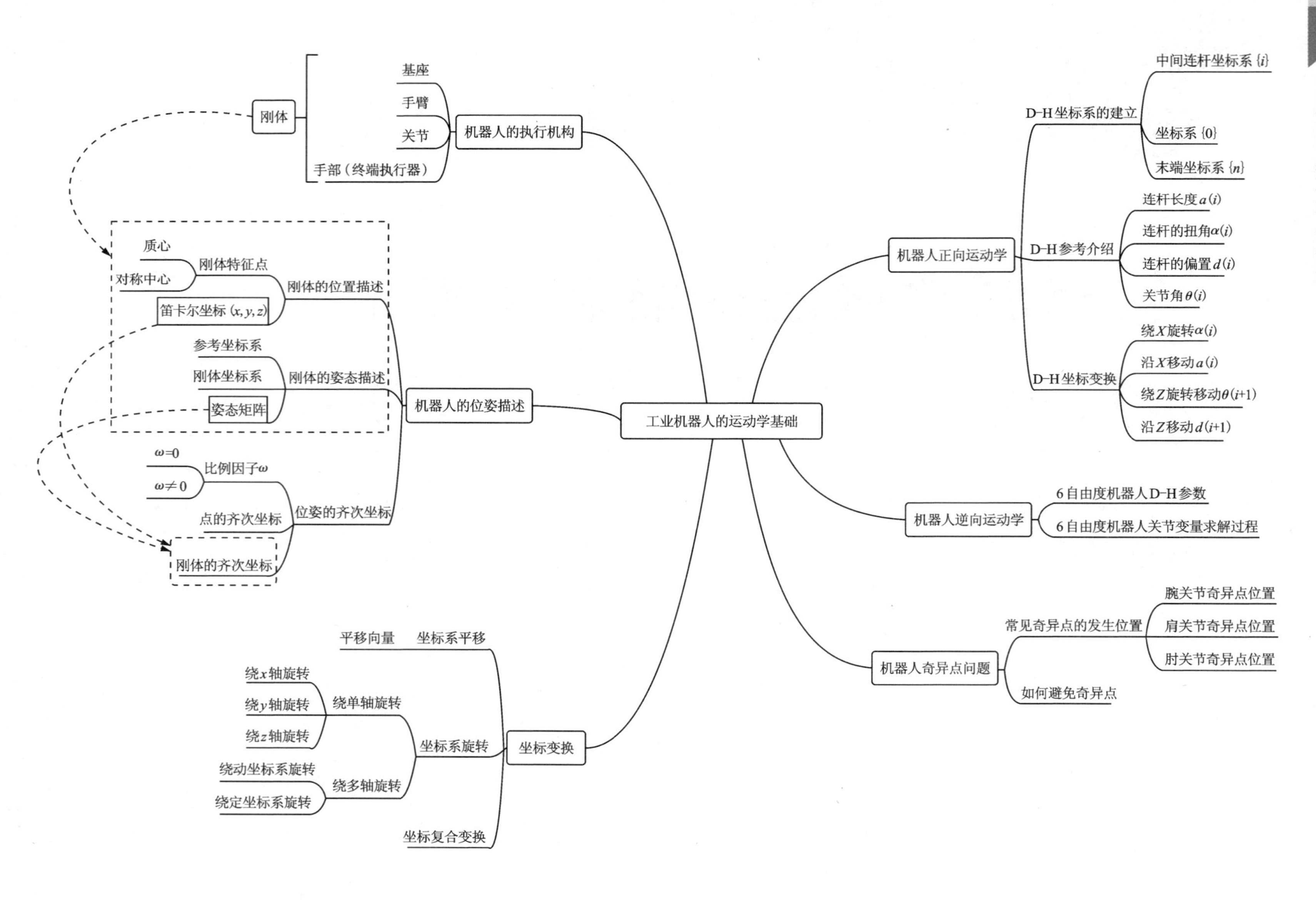

工业机器人的运动学基础
机器人的执行机构
基座
手臂
关节
手部（终端执行器）
刚体
机器人的位姿描述
刚体的位置描述
刚体特征点
质心
对称中心
笛卡尔坐标（x, y, z）
刚体的姿态描述
参考坐标系
刚体坐标系
姿态矩阵
位姿的齐次坐标
比例因子ω
ω=0
ω≠0
点的齐次坐标
刚体的齐次坐标
坐标变换
坐标系平移
平移向量
坐标系旋转
绕单轴旋转
绕x轴旋转
绕y轴旋转
绕z轴旋转
绕多轴旋转
绕动坐标系旋转
绕定坐标系旋转
坐标复合变换
机器人正向运动学
D-H坐标系的建立
中间连杆坐标系{i}
坐标系{0}
末端坐标系{n}
D-H参考介绍
连杆长度a(i)
连杆的扭角α(i)
连杆的偏置d(i)
关节角θ(i)
D-H坐标变换
绕X旋转α(i)
沿X移动a(i)
绕Z旋转移动θ(i+1)
沿Z移动d(i+1)
机器人逆向运动学
6自由度机器人D-H参数
6自由度机器人关节变量求解过程
机器人奇异点问题
常见奇异点的发生位置
腕关节奇异点位置
肩关节奇异点位置
肘关节奇异点位置
如何避免奇异点

任务1　机器人位置及姿态的数学表示

知识目标

1. 掌握机器人的位姿概念。
2. 掌握机器人的位姿的数学描述方法。
3. 掌握齐次坐标的概念及使用方法。

能力目标

能用齐次坐标表示机器人的手部位姿。

知识链接

工业机器人的执行机构主要由基座、手臂、关节和手部(末端执行器)组成，其中关节作为连接点将机器人多个构件(连杆)组合在一起。机器人手部的运动才是真正用于满足工作要求的运动，它是机器人系统中控制的主要对象。以图 3-1 中的喷涂机器人为例，它的手部需要到达指定位置并摆出相应的姿态再进行喷漆工作。很显然，位姿(位置和姿态)是机器人运动中非常重要的变量，为了正确描述位姿就需要在机器人中建立相应的坐标系。

图 3-1　喷涂机器人

一般而言，机器人的手腕、手臂以及末端执行器都是刚性物体，因此在下面的讨论中使用刚体来指代被讨论的对象。刚体的位姿包括位置和姿态，位置可以由 3 个和距离有关的变量控制即(x, y, z)，而姿态由 3 个和角度有关的变量控制即(α, β, γ)。也就是说，不受外部约束的刚体有6个自由度，这也是为什么工业机器人常常需要达到6轴的原因，这样有助于末端执行器到达各种位置以及摆出各种姿势来满足工作要求。

3.1.1 刚体的位置描述

为了确定空间中某点的位置，可以先建立一个参考空间直角坐标系。空间直角坐标系又称笛卡尔坐标系，它由一点引出三条射线，这三条射线不共面，并且两两垂直。如图3-2所示，有一点P，它在参考坐标系$\{A\}$中的坐标为(x_P, y_P, z_P)。

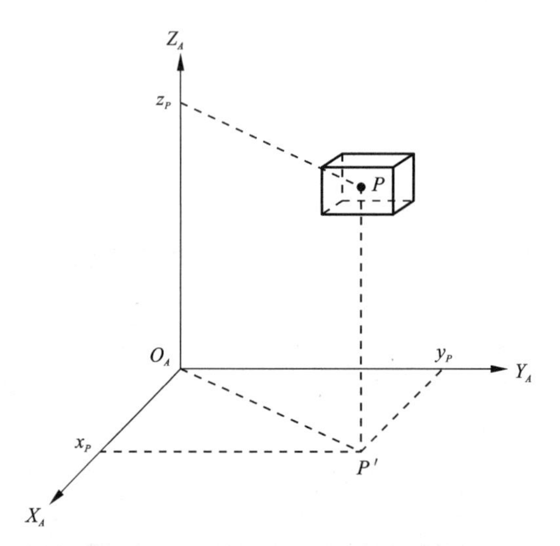

图3-2 点在笛卡尔坐标系中的描述

假设，某刚体F的中心刚好位于P点，则该刚体位于坐标系$\{A\}$中的位置可以表示为：

$$^{A}\boldsymbol{P}=\begin{bmatrix} x_P \\ y_P \\ z_P \end{bmatrix}$$

3.1.2 刚体的姿态描述

在研究刚体的姿态之前，先观察两个向量之间的角度关系。如图3-3所示，$\boldsymbol{p}$和$\boldsymbol{q}$是两个单位向量，两向量之间的角度为θ。将$\boldsymbol{p}$分解为两个互相垂直的分向量$\boldsymbol{p}_j$和$\boldsymbol{p}_i$，有：

$$\boldsymbol{p}=\boldsymbol{p}_i+\boldsymbol{p}_j$$

其中$\boldsymbol{p}_i$与$\boldsymbol{q}$方向一致，$\boldsymbol{p}_j$与$\boldsymbol{q}$垂直，则可以得到$\boldsymbol{p}$和$\boldsymbol{q}$的点乘为：

$$\boldsymbol{p}\cdot\boldsymbol{q}=(\boldsymbol{p}_i+\boldsymbol{p}_j)\cdot\boldsymbol{q}=\boldsymbol{p}_i\boldsymbol{q}+\boldsymbol{p}_j\boldsymbol{q}=\boldsymbol{p}_i\boldsymbol{q}=|\boldsymbol{p}||\boldsymbol{q}|\cos\theta=\cos\theta$$

这里$\boldsymbol{p}$和$\boldsymbol{q}$点乘的几何意义在于表示$\boldsymbol{p}$和$\boldsymbol{q}$之间的夹角以及$\boldsymbol{p}$在$\boldsymbol{q}$向量上的投影。

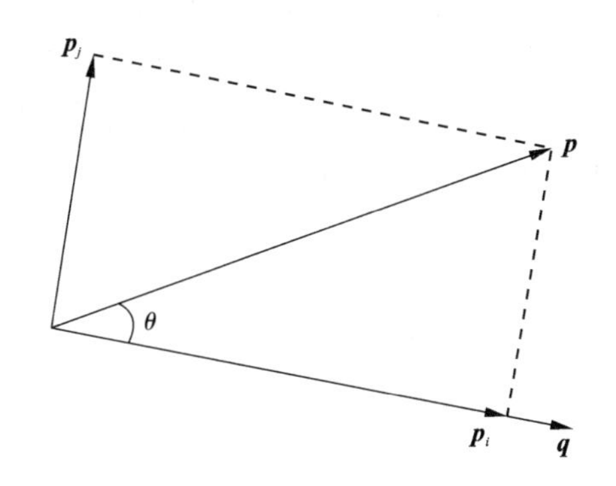

图 3-3　向量的角度关系

为了进一步描述刚体在参考坐标系{A}中的姿态，需要在刚体上建立一个新的坐标系，叫作刚体坐标系。一般刚体坐标系的原点需要固定在刚体的特征点上，如质心或对称中心等，并且刚体坐标系将跟随刚体的运动进行相对运动，即它和刚体之间时刻保持相对静止的状态。如图 3-4 所示，在刚体中心点建立一个坐标系{B}，可以看出此时的刚体相较于图 3-2 中的状态进行了一定的旋转。

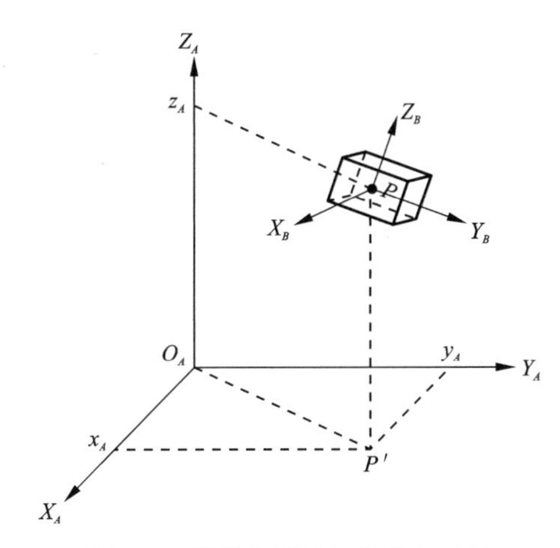

图 3-4　刚体坐标系与参考坐标系

刚体的姿态可以通过刚体坐标系的三个数轴 X_B、Y_B、Z_B 与参考坐标系的三个数轴 X_A、Y_A、Z_A 之间的角度关系来反映。通过前文关于 $\boldsymbol{p}$ 和 $\boldsymbol{q}$ 的讨论，这里使用一个 3×3 的姿态矩阵来描述刚体在参考系{A}中的姿态：

$$
\begin{aligned}
{}_A^B\boldsymbol{R} &= [\,{}_A^B\boldsymbol{X}\quad {}_A^B\boldsymbol{Y}\quad {}_A^B\boldsymbol{Z}\,] \\
&= \begin{bmatrix} \cos(\angle X_B X_A) & \cos(\angle Y_B X_A) & \cos(\angle Z_B X_A) \\ \cos(\angle X_B Y_A) & \cos(\angle Y_B Y_A) & \cos(\angle Z_B Y_A) \\ \cos(\angle X_B Z_A) & \cos(\angle Y_B Z_A) & \cos(\angle Z_B Z_A) \end{bmatrix}
\end{aligned}
$$

式中：${}_A^B\boldsymbol{X}$，${}_A^B\boldsymbol{Y}$ 与 ${}_A^B\boldsymbol{Z}$ 三个向量分别表示刚体坐标系{B}中三个数轴 X、Y、Z 在参

☞ 思考：

焊接机器人的位姿指的是什么？在焊接过程中焊接机器人的位姿会发生变化吗？

考坐标系{A}中的方向。坐标系的三个数轴正交，由此可知${}_A^B\boldsymbol{X}$、${}_A^B\boldsymbol{Y}$与${}_A^B\boldsymbol{Z}$三个向量也是正交的关系。

这里使用三个正交的单位向量 n、o、a 来代替坐标系{B}的三个数轴的方向，因此刚体的姿态可以用下面的矩阵简单表示。

$$\boldsymbol{F}=\begin{bmatrix} n_x & o_x & a_x \\ n_y & o_y & a_y \\ n_z & o_z & a_z \end{bmatrix}$$

3.1.3 位姿的齐次坐标

齐次坐标可以简便地表示机器人的位姿，而利用齐次坐标进行齐次变换可以方便地研究机器人的位姿问题。因此在机器人运动学中，齐次坐标与齐次变换被广泛使用。

增加一个比例因子 ω，将笛卡尔坐标的列向量从三维的扩展成四维，就变成了齐次坐标。例如 P 点(x, y, z)的齐次坐标可表示为：

$$\boldsymbol{P}=\begin{bmatrix} p_x \\ p_y \\ p_x \\ \omega \end{bmatrix}$$

其中：$x=\dfrac{p_x}{\omega}$，$y=\dfrac{p_y}{\omega}$，$z=\dfrac{p_x}{\omega}$。

比例因子 ω 可以为任意数。如果 ω 大于 1，向量的所有分量都变大；如果 ω 小于 1，向量的所有分量都变小；当 $\omega=0$ 时，代表原向量无穷大，即表示的是方向。为了坐标的简便运算，令机器人的位置向量中的 $\omega=1$。

对于前面描述的刚体 $\boldsymbol{F}$，可用下面的齐次坐标进行表示。

$$\boldsymbol{F}=\begin{bmatrix} n_x & o_x & a_x & p_x \\ n_y & o_y & a_y & p_y \\ n_z & o_z & a_z & p_z \\ 0 & 0 & 0 & 1 \end{bmatrix}$$

任务实施

1. 请描述位姿的概念。

2. 若要描述机器人末端执行器的位姿，至少需要建立哪几个坐标系？

3. 请写出向量 $v=3i+4j+5k$ 的齐次坐标。

4. 当机器人处于初始状态时，末端执行器位于基坐标系的(300，0，-50)处，且工具坐标系的 X、Y 轴与基坐标系的 X、Y 轴方向一致，而两 Z 轴方向相反。请用基于基坐标系的齐次坐标定义该状态下的末端执行器的位姿。

任务2　坐标变换

知识目标

1. 掌握关于刚体的坐标系平移、坐标系旋转、坐标系复合变换的概念；
2. 掌握刚体的坐标系平移、坐标系旋转的坐标变换方法；
3. 掌握旋转矩阵的概念及计算方法。

能力目标

能通过坐标变换求刚体运动后的位姿。

知识链接

刚体的运动包括平移、旋转以及两者结合的复合运动。刚体的运动可以通过刚体坐标系的变换来进行描述，接下来分别介绍坐标系平移变换、坐标系旋转变换以及两者结合的复合变换。

3.2.1　坐标系平移

坐标系平移变换指的是刚体坐标系的三个数轴保持方向不变进行平移运动。也就是说，只有刚体的位置相较于参考坐标系发生了变化，刚体的姿态保持不变。换言之，坐标系平移变换可以简单看成坐标系原点的平移变换，这样可以将坐标系平移问题简化成点的平移问题。

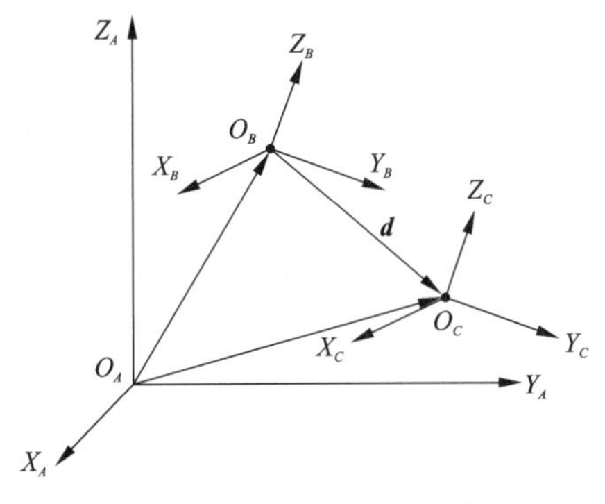

图 3-5　刚体坐标系平移

如图 3-5 所示，坐标系{B}平移到了坐标系{C}的位置，根据向量计算方法，满足：

$$\overrightarrow{O_A O_C}=\overrightarrow{O_A O_B}+\boldsymbol{d}$$

$\boldsymbol{d}$ 是此次变换的平移向量，d_x、d_y、d_z 分别是 $\boldsymbol{d}$ 关于参考坐标系{A}分别在

X_A、Y_A、Z_A 三个轴上的分量，即 O_B 移动到 O_C 的移动分量。若 O_B 在{A}中的位置为(x, y, z)，则{C}关于参考坐标系{A}的位置为：

$$ {}^{A}\boldsymbol{O}_C=\begin{bmatrix}x\\y\\z\end{bmatrix}+\begin{bmatrix}d_x\\d_y\\d_z\end{bmatrix}=\begin{bmatrix}x+d_x\\y+d_y\\z+d_z\end{bmatrix} \tag{3-1} $$

3.2.2 坐标系旋转

对于有着复杂任务的工业机器人系统，在工作时常常需要旋转末端执行器，并且需要关注旋转过程中末端执行器关于参考坐标系的坐标变换，这里参考坐标系通常指基于机器人基座建立的基坐标系。坐标系旋转指的是坐标系绕原点进行旋转，而任何绕坐标系原点旋转的运动都可以分解为绕坐标系 X 轴、Y 轴、Z 轴旋转的复合运动。因此接下来分别说明坐标系绕单个坐标轴旋转以及坐标系绕多个坐标轴旋转的情况。

1. 坐标系绕单个坐标轴旋转

如图 3-6 所示，为了研究坐标系绕单轴旋转的坐标变换，建立了两个共原点的坐标系，一个是参考坐标系{A}，一个是刚体坐标系{B}。图 3-6(a)为初始状态，{B}与{A}的坐标轴方向一致即姿态相同，P 点为{B}坐标系中固定的一点，这里可以把 P 点想象成末端执行器上的某点，此时 P 点在{A}、{B}中的坐标相同，为(x_B, y_B, z_B)。

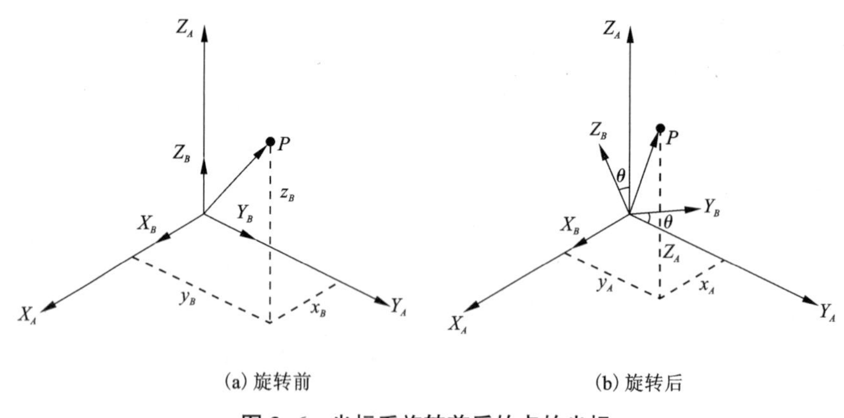

图 3-6 坐标系旋转前后的点的坐标

接下来先讨论绕 X 轴的运动，如图 3-6(b)所示，坐标系{B}绕 X 轴逆时针旋转了 θ。其中，P 点跟随了{B}的运动，在{B}中的坐标不变，还是(x_B, y_B, z_B)，而 P 点在{A}中的坐标发生了变化。

由图 3-6 可以观察出，当坐标系{B}绕 X 轴旋转时，P 点关于 X 轴方向的坐标保持不变，即：

$$ x_A=x_B \tag{3-2} $$

空间中某点的 Y、Z 坐标与该点在 YOZ 平面内的投影点的坐标相同，因此为了更好地观察 P 点关于 Y、Z 两轴的坐标变换，采用投影的方式进行分析。如图 3-7 所示，将旋转后的 P 点投影到 ZOY 平面，通过直角三角形内角和关系以及平行线关系，可以找出所有等于 θ 的角，已知 P 点在 $\{B\}$ 中的坐标不变，根据几何关系可以证明：

$$y_A = l_1 - l_2 = y_B \cdot \cos\theta - z_B \cdot \sin\theta$$
$$z_A = l_3 + l_4 = y_B \cdot \sin\theta + z_B \cdot \cos\theta$$

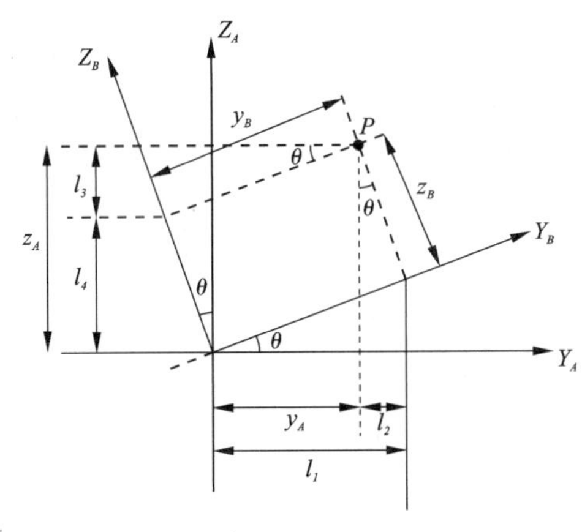

图 3-7　从 X 轴观察旋转坐标系

结合式(3-2)写成矩阵形式为：

$$\begin{bmatrix} x_A \\ y_A \\ z_A \end{bmatrix} = \begin{bmatrix} 1 & 0 & 0 \\ 0 & \cos\theta & -\sin\theta \\ 0 & \sin\theta & \cos\theta \end{bmatrix} \begin{bmatrix} x_B \\ y_B \\ z_B \end{bmatrix}$$

可以看出，P 点在参考坐标系 $\{A\}$ 中的坐标可以通过 P 点在刚体坐标系的坐标左乘旋转矩阵得到：

$$P_A = {}_A^B\boldsymbol{R} \cdot P_B$$

其中：$R(X,\ \theta)$ 表示该矩阵是坐标系在绕 X 轴旋转 θ 的特定情况下的旋转变换矩阵：

$${}_A^B\boldsymbol{R} = R(X,\ \theta) = \begin{bmatrix} 1 & 0 & 0 \\ 0 & \cos\theta & -\sin\theta \\ 0 & \sin\theta & \cos\theta \end{bmatrix}$$

同理，使用相同的方法，可以分别得到坐标系绕 Y 轴的旋转矩阵：

$${}_A^B\boldsymbol{R} = R(Y,\ \theta) = \begin{bmatrix} \cos\theta & 0 & \sin\theta \\ 0 & 1 & 0 \\ -\sin\theta & 0 & \cos\theta \end{bmatrix}$$

以及得到坐标系绕 Z 轴的旋转矩阵：

$$ {}_{A}^{B}\boldsymbol{R}=R(Z,\ \theta)=\begin{bmatrix}\cos\theta & -\sin\theta & 0\\ \sin\theta & \cos\theta & 0\\ 0 & 0 & 1\end{bmatrix} $$

☞ 思考：

末端执行器在工作过程中可能发生哪些运动变换？

2. 坐标系绕多个坐标轴旋转

坐标系绕多个坐标轴旋转的运动又可以被分为绕动坐标系旋转以及绕定坐标系旋转。其中绕动坐标系旋转，每次旋转对应的参考坐标系不同。

3.2.3 坐标复合变换

坐标复合变换由平移、旋转组成，每个复合变换都可以分解为按一定顺序进行的一组平移和旋转变换。

如图 3-8 所示，P 点原本在 P_B 的位置，经过一系列的变换最终到达 P_C。

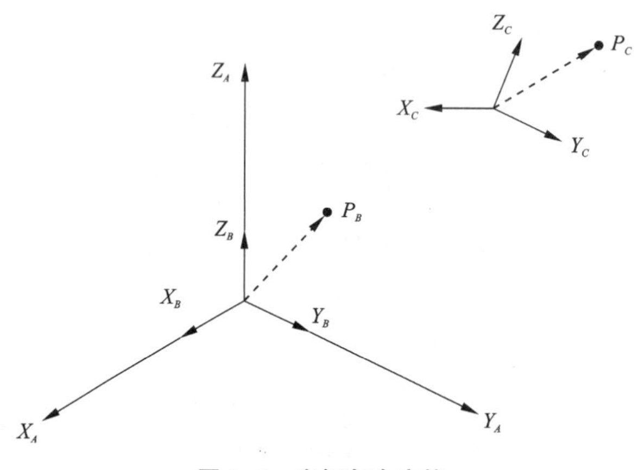

图 3-8 坐标复合变换

通过对图 3-8 的观察，可分析出该复合变换的步骤存在两种可能性：

①先旋转再平移：坐标系{B}先进行坐标系旋转，旋转的目的是与目标坐标系{C}姿态相同。接着进行坐标系平移，平移的目的是与目标参考系{C}位置相同。

②先平移再旋转：坐标系{B}先进性坐标系平移，平移的目的是与目标坐标系{C}位置相同，接着进行坐标系旋转，目的是与目标坐标系{C}姿态相同。

已知 P_C 在目标坐标系{C}中的坐标，那么如何求出 P_C 在参考坐标系{A}中的坐标呢？基于第一种情况（先旋转再平移）进行求解。

如图 3-9 所示，新建一个中间坐标系{M}。假设坐标系{B}到坐标系{C}进行了如下步骤变换：

①坐标系{B}绕 Y 轴旋转了 θ，变成了坐标系{M}；

②坐标系{M}经过平移到达{C}，平移向量 $\boldsymbol{d}=[a,\ b,\ c]$。

已知 P_B 的位置是$[x_B,\ y_B,\ z_B]^{\mathrm{T}}$，根据绕 Y 轴旋转的旋转矩阵，可得：

$$ P_M={}_{A}^{M}\boldsymbol{R}\cdot P_B=\boldsymbol{R}(Y,\ \theta)\times P_B $$

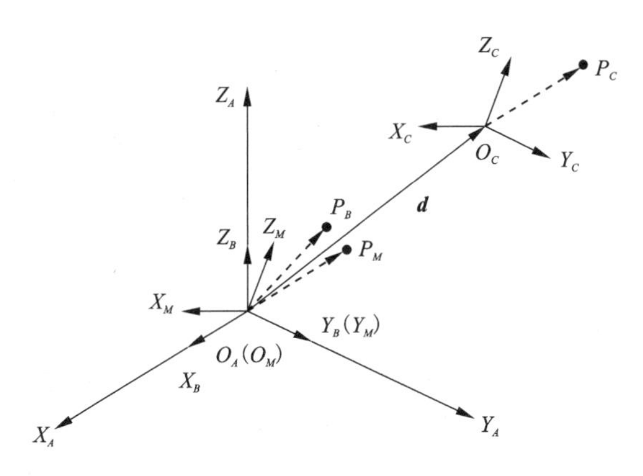

图 3-9　坐标系复合变换分解

$\{M\}$沿着$\boldsymbol{d}$的方向平移，则P_M点跟随坐标系平移到P_C：

$$P_C=P_M+\boldsymbol{d}$$

任务实施

1. 坐标系$\{M\}$位于参考坐标系的$[-5 \quad 3 \quad 7]^{\mathrm{T}}$处，现在$\{M\}$平移至$\{M'\}$，要求沿参考坐标系的$X$轴移动6个单位，沿$Y$轴移动2个单位，沿$Z$轴移动-4个单位。求新坐标系$\{M'\}$的位置。

2. 已知坐标系$\{B\}$的初始位姿与$\{A\}$重合，首先$\{B\}$相对于坐标系$\{A\}$的Z_A轴转30°，再沿$\{A\}$的X_A轴移动12单位，并沿$\{A\}$的Y_A轴移动6个单位。求坐标系$\{B\}$关于坐标系$\{A\}$的位置矢量以及旋转矩阵。

任务3　机器人正向运动学

知识目标

1. 掌握机器人正向运动学概念概念；
2. 掌握D-H建模方法。

能力目标

能通过D-H建模方法求出机器人末端执行器的位姿。

机器人运动学研究主要包含正向与反向两类问题：正向问题是关于机器人关节坐标系的坐标到机器人末端的位姿坐标之间的映射，反向问题是机器人末端的位姿到机器人关节坐标系坐标之间的映射。本节将围绕位姿的数学描述以及坐标变换讲解机器人正向运动学。

知识链接

机器人正向运动学主要研究如何根据给定机器人关节空间变量求解机器人手部位姿的问题。正向运动学可以通过建模来求解，因此也被称为运动学建模。机器人运动学建模方法主要包括几何建模法、D-H 建模法。其中几何建模法基于平面空间，尤其适用于结构简单的平面机器人。而 D-H 建模法通用性强，应用比较广泛。本节重点讲解 D-H 建模方法。

机器人执行机构的主体可以看成由多个连杆和多个关节组成。这些关节可以实现滑动(平移)、旋转或者两者相结合的运动。但在实际情况中，工业机器人的关节通常只有一个自由度，即只实现滑动或旋转中的一种。为了描述关节、连杆的运动变换与末端执行器位姿之间的关系，Denavit 和 Hartenberg 提出了一种通用建模方法，该方法简称为 D-H 法。

假设末端执行器在进行某次工作时，需要动用机器人的每个关节，并且已知每个关节运动时的变量如旋转角度、平移向量等，那么如何求出末端执行器到达目标位置时的位姿？可以想到，先进行关节 1 的运动变换得到关节 2 的位姿，接着对关节 2 进行运动变换得到关节 3 的位姿，以此类推最终可以得到末端执行器的位姿。D-H 法正是基于齐次矩阵将这种连续的关节运动变换用矩阵变换的形式进行表示的。

思考：什么是机器人正向运动学问题？

3.3.1 D-H 坐标系的建立

按照 D-H 方法，对于一个有 n 个关节的机器人，需要建立 $n+1$ 个坐标系。第 1 个是基坐标系{0}，中间有 $n-1$ 个中间连杆坐标系{i}，最后一个是末端关节坐标系{n}，这些坐标系被称为 D-H 坐标系。除了基坐标系{0}，其他坐标系应该与所在关节固接，跟随关节运动。每个关节都必须指定 Z 轴和 X 轴，因为 D-H 方法不会用到 Y 轴，并且可以通过右手定则确定 Y 轴，所以通常不用指定 Y 轴。

建立 D-H 坐标系要按照先建立中间连杆坐标系{i}，再建立两端坐标系{0}和{n}的顺序。接下来具体介绍 D-H 方法如何建立坐标系。

(1) 中间连杆坐标系{i}的建立

以图 3-10 中的关节连杆为例，中间连杆坐标系的建立规则如下：

若关节是移动关节，则 Z 轴定为关节运动方向所在的直线；若关节是旋转关节，则 Z 轴的方向使用右手定则来确定：四指弯曲的方向与关节转动方向一致，拇指所指的方向定为 Z 轴。指定的 Z 轴也叫作关节轴线，关节 i 的轴线命名为 Z_i。

确定好相邻关节的轴线后，再找出相邻两轴线的公垂线，如图 3-10 中轴线 Z_i 与 Z_{i+1} 的公垂线为 a_i。一般情况下，两个关节的 Z 轴不平行，此时只有一条公垂线；若两关节的 Z 轴平行，此时有无数条公垂线，为了简化模型可以选择与前一关节公垂线共线的一条公垂线；若两相邻关节 Z 轴相交，此时选择垂直于两条 Z 轴的两平面相交而成的线，即 $a_i=\pm Z_{i-1}\times Z_i$。坐标系原点 O_i 为 a_i 与 Z_i 的交点，X_i 的方向则指定为沿 a_i 的方向。

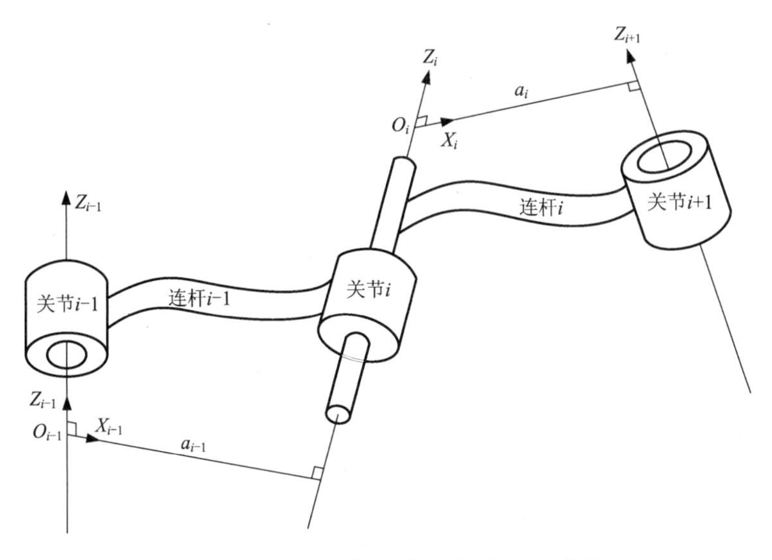

图 3-10 通用关节-连杆组合的 D-H 表示

(2)坐标系{0}与{n}的建立

坐标系{0}的建立要参考坐标系{1}，Z 轴与 X 轴的方向应与坐标系{1}保持一致，这样可以简化计算。坐标系{n}将根据末端关节的运动方向或根据右手定则确定 Z 轴。坐标系{0}与{n}的原点一般需要结合机器人的结构及运动学建模需求来确定。

3.3.2 D-H 参数介绍

以图 3-11 中的关节连杆组合为例。

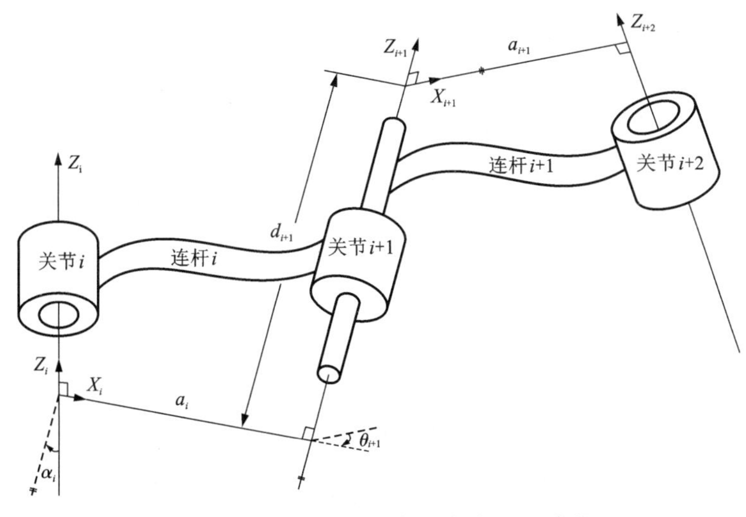

图 3-11 通用关节-连杆组合的 D-H 参数

①连杆长度 a：这里需要注意 D-H 法中连杆的长度不是连杆本身的长度，

图 3-11 将连杆画成弯曲的形状就是为了说明连杆长度与连杆的形状无关。连杆 i 的长度定为两相邻关节的 Z 轴的公垂线 a_i 的长度，连杆的方向定为的公垂线 a_i 的方向。

②连杆的扭角 α：连杆的扭角定义为连杆两端关节轴线之间的夹角，方向从前一个关节轴线指向后一个关节轴线。如图 3-11 所示，在公垂线 a_i 与 Z_i 的交点处作 Z_i 的平行线 l，令该平行线与 Z_{i-1} 共面，可得 l 与 Z_{i-1} 形成的夹角 α_i 即是连杆 i 的扭角。

③连杆的偏置 d：表示的是关节 i 两端连杆之间的距离，如图 3-11 所示，d_{i+1} 即 a_i 与 a_{i+1} 之间的距离，需要沿轴线 Z_{i+1} 进行测量。

④关节角 θ：表示连杆 i 绕轴线 Z_i 的旋转角，它的定义是连杆 i 相较于连杆 i-1 绕轴线 Z_i 的旋转角度，方向从 a_i 指向 a_{i-1}。若 a_i 两根连杆 a_i 与 a_{i-1} 方向一致，则关节角为 0，即连杆 a_{i-1} 相较于 a_i 没有旋转。例如图中 θ_{i+1} 的测量方法：过公垂线 a_i 与轴线 Z_{i+1} 的交点处作 a_{i+1} 的平行线，该平行线与 a_i 的延长线构成一个平面，θ_{i+1} 即是在此平面内的从 a_i 的延长线指向 a_{i+1} 的平行线之间的角。

上面建模方法中连杆的长度 a_i 和连杆的扭角 α_i 两个参数描述了连杆本身，属于连杆结构参数。对于旋转关节，只有关节角 θ_i 是关节变量，而连杆偏置 d_i 也属于连杆结构参数；对于移动关节，只有连杆偏置 d_i 属于关节变量，关节角 θ_i 也属于连杆结构参数。连杆结构参数由机器人本身结构决定，无法更改。

3.3.3 D-H 坐标变换

D-H 方法先建立连杆坐标系，然后基于连杆坐标系给每个关节处的连杆坐标建立 4×4 的齐次变换矩阵，以此来表示此关节处的连杆与前一个连杆坐标系的关系。

> ☞ 思考：
> 为什么说机器人正向运动学问题的解唯一？

结合建立的坐标系，D-H 参数可以表示为：

a_i：从 Z_i 到 Z_{i+1} 沿 X_i 测量的距离；

α_i：从 Z_i 到 Z_{i+1} 绕 X_i 旋转的角度；

d_i：从 X_i 到 X_{i+1} 沿 Z_{i+1} 的距离；

θ_i：从 X_i 到 X_{i+1} 绕 Z_{i+1} 旋转的角度。

建立好 D-H 坐标系并确定好 D-H 参数后，连杆之间如何利用矩阵变换的形式确定位姿关系呢？下面以坐标系$\{i\}$移动到坐标系$\{i+1\}$进行说明：

①坐标系$\{i\}$绕 X_i 旋转 α_i，使 Z_i 与 Z_{i+1} 同向；

②坐标系$\{i\}$沿 X_i 移动 a_i，使 Z_i 与 Z_{i+1} 共线；

③坐标系$\{i\}$绕 Z_i 旋转移动 θ_{i+1}，使 X_i 与 X_{i+1} 同向；

④坐标系$\{i\}$沿 Z_i 移动 d_{i+1}，使 X_i 与 X_{i+1} 共线，并且共原点；

机器人每次运动都可以重复使用上述四个步骤从坐标系$\{0\}$变换到坐标系$\{1\}$，坐标系$\{1\}$变换到坐标系$\{2\}$，直至变换到坐标系$\{n\}$。

从上述步骤可以看出，坐标系$\{i\}$到坐标系$\{i+1\}$都是相较于自己的坐标轴在进行变换，因此该过程变换可以用下面的变换矩阵表示：

$$
{}_{i}^{i+1}\boldsymbol{T}=R(X,\ \alpha_i)\times \text{Trans}(X,\ a_i)\times R(Z,\ \theta_{i+1})\times \text{Trans}(Z,\ d_{i+1})
$$

$$
=\begin{bmatrix}1 & 0 & 0 & 0\\ 0 & \cos\alpha_i & -\sin\alpha_i & 0\\ 0 & \sin\alpha_i & \cos\alpha_i & 0\\ 0 & 0 & 0 & 1\end{bmatrix}\begin{bmatrix}1 & 0 & 0 & a_i\\ 0 & 1 & 0 & 0\\ 0 & 0 & 1 & 0\\ 0 & 0 & 0 & 1\end{bmatrix}\begin{bmatrix}\cos\theta_{i+1} & -\sin\theta_{i+1} & 0 & 0\\ \sin\theta_{i+1} & \cos\theta_{i+1} & 0 & 0\\ 0 & 0 & 1 & 0\\ 0 & 0 & 0 & 1\end{bmatrix}\begin{bmatrix}1 & 0 & 0 & 0\\ 0 & 1 & 0 & 0\\ 0 & 0 & 1 & d_{i+1}\\ 0 & 0 & 0 & 1\end{bmatrix}
$$

$$
=\begin{bmatrix}\cos\theta_{i+1} & -\sin\theta_{i+1} & 0 & a_i\\ \sin\theta_{i+1}\cos\alpha_i & \cos\theta_{i+1}\cos\alpha_i & -\sin\alpha_i & -\sin\alpha_i d_{i+1}\\ \sin\theta_{i+1}\sin\alpha_i & \cos\theta_{i+1}\sin\alpha_i & \cos\alpha_i & \cos\alpha_i d_{i+1}\\ 0 & 0 & 0 & 1\end{bmatrix}
$$

从机器人基座到机器人末端执行器的正向运动学可以用上面变换矩阵式子进行链式相乘表示。若机器人包含 6 个自由度，则该机器人的正向运动可以建模成下面的运动学方程：

$$
{}_{0}^{6}\boldsymbol{T}={}_{0}^{1}\boldsymbol{T}{}_{1}^{2}\boldsymbol{T}{}_{2}^{3}\boldsymbol{T}{}_{3}^{4}\boldsymbol{T}{}_{4}^{5}\boldsymbol{T}{}_{5}^{6}\boldsymbol{T}
$$

任务实施

1. D-H 建模方法中有哪些重要参数，请分别描述它们的概念。

2. 下图是两个关节和连接它们的连杆示意图，每个关节都是旋转关节，关节旋转轴已标识为虚线。关节和连杆的连接关系有两种，求这两种情况下的连杆长度 a_{i-1} 和扭角 α_{i-1}。

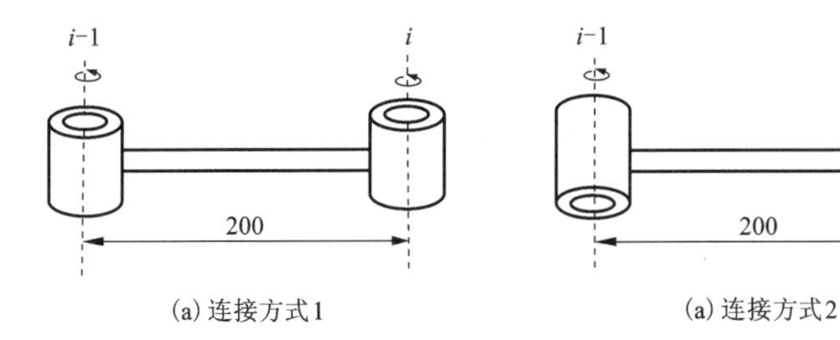

(a) 连接方式1　　(a) 连接方式2

任务 4　机器人逆向运动学

知识目标

1. 掌握机器人逆向运动学概念；
2. 掌握逆向运动学解算的方法。

知识链接

上一节中的正向运动学是为了解决已知机器人的各个关节的关节变量（连杆摆出的姿态或移动的距离），如何求末端执行器在基坐标系中位姿的问题。然而机器人运动控制过程是先明确末端执行器的运动轨迹，即先知晓末端执行器的目标位姿，然后求解机器人各个轴的关节变量，再使用这些求得的关节变量驱动机器人各关节的电机从而使末端执行器达到目标位姿。这也就是机器人逆向运动学的求解问题。正向问题的解唯一，而逆向问题的解不唯一。

表 3-1　工业机器人连杆参数

杆号 i	关节转角 θ_i	两连杆间距离 d_i	连杆长度 a_i	连杆扭角 α_i
1	θ_1	0	0	-90°
2	θ_2	d_2	0	90°
3	$\theta_3=d_3$	d_3	0	0°
4	θ_4	0	0	-90°
5	θ_5	0	0	90°
6	θ_6	H	0	0°

现以有着上面参数的工业机器人为例介绍反向求解的一种方法。首先，分析表 3-1，可得该机器人有 6 个自由度，因此设该机器人运动方程为：

$$ {}_0^6\boldsymbol{T}={}_0^1\boldsymbol{T}{}_1^2\boldsymbol{T}{}_2^3\boldsymbol{T}{}_3^4\boldsymbol{T}{}_4^5\boldsymbol{T}{}_5^6\boldsymbol{T} $$

已知末端执行的位姿坐标，并且对于该机器人的所有的关节，已知所有的连杆参数：a、α、d，求关节变量 $\theta_1 \sim \theta_6$。另外为了计算简便，令 $H=0$。接下来讲解关节变量的求解步骤：

(1) 求 θ_1

${}_0^1\boldsymbol{T}$ 是坐标系{1}的位姿矩阵，根据表 3. 1，坐标系{1}相当于坐标系{0}绕 Z_0 轴旋转 θ_1，然后绕自身坐标系 X_1 旋转 $\alpha_1=-90°$，可用矩阵变换求得坐标系{1}的位姿：

$$ {}_0^1\boldsymbol{T}=R(Z_0,\ \theta_1)R(X_1,\ \alpha_1) $$

$$ =\begin{bmatrix} \cos\theta_1 & -\sin\theta_1 & 0 & 0 \\ \sin\theta_1 & \cos\theta_1 & 0 & 0 \\ 0 & 0 & 1 & 0 \\ 0 & 0 & 0 & 1 \end{bmatrix}\begin{bmatrix} 1 & 0 & 0 & 0 \\ 0 & \cos(-90°) & -\sin(-90°) & 0 \\ 0 & \sin(-90°) & \cos(-90°) & 0 \\ 0 & 0 & 0 & 1 \end{bmatrix} $$

$$ =\begin{bmatrix} \cos\theta_1 & -\sin\theta_1 & 0 & 0 \\ \sin\theta_1 & \cos\theta_1 & 0 & 0 \\ 0 & 0 & 1 & 0 \\ 0 & 0 & 0 & 1 \end{bmatrix}\begin{bmatrix} 1 & 0 & 0 & 0 \\ 0 & 0 & 1 & 0 \\ 0 & -1 & 0 & 0 \\ 0 & 0 & 0 & 1 \end{bmatrix}=\begin{bmatrix} \cos\theta_1 & 0 & -\sin\theta_1 & 0 \\ \sin\theta_1 & 0 & \cos\theta_1 & 0 \\ 0 & -1 & 1 & 0 \\ 0 & 0 & 0 & 1 \end{bmatrix} $$

用${}_0^1\boldsymbol{T}^{-1}$ 左乘${}_0^6\boldsymbol{T}$：

$$ ({}_0^1\boldsymbol{T})^{-1}\times{}_0^6\boldsymbol{T}=({}_0^1\boldsymbol{T})^{-1}\times{}_0^1\boldsymbol{T}{}_1^2\boldsymbol{T}{}_2^3\boldsymbol{T}{}_3^4\boldsymbol{T}{}_4^5\boldsymbol{T}{}_5^6\boldsymbol{T}={}_1^2\boldsymbol{T}{}_2^3\boldsymbol{T}{}_3^4\boldsymbol{T}{}_4^5\boldsymbol{T}{}_5^6\boldsymbol{T} $$

为了简化式子，使用 S_i、C_i 分别代表 $\sin\theta_i$ 和 $\cos\theta_i$，则 S_1、C_1 分别代表 $\sin\theta_1$ 和 $\cos\theta_1$。将式子左右展开可以得到关于 θ_i 的方程，下面讲解计算过程：

①使用行列式初等变换法可以求得${}_0^1\boldsymbol{T}^{-1}$，这里矩阵求逆的方法不详细讲，请

同学们查阅线性代数相关书籍进行计算推导。

$$ {}_0^1\boldsymbol{T}^{-1}=\begin{bmatrix} C_1 & S_1 & 0 & 0 \\ 0 & 0 & -1 & 0 \\ -S_1 & C_1 & 0 & 0 \\ 0 & 0 & 0 & 1 \end{bmatrix} $$

②已知末端执行器位姿矩阵为：

$$ {}_0^6\boldsymbol{T}=\begin{bmatrix} n_x & o_x & a_x & p_x \\ n_y & o_y & a_y & p_y \\ n_z & o_z & a_z & p_z \\ 0 & 0 & 0 & 1 \end{bmatrix} $$

③将①、②中式子代入式(3-3)可得：

$$ \begin{bmatrix} n_xC_1+n_yS_1 & o_xC_1+o_yS_1 & a_xC_1+a_yS_1 & p_xC_1+p_yS_1 \\ -n_z & -o_z & -a_z & -p_z \\ -n_xS_1+n_yC_1 & -o_xS_1+o_yC_1 & -a_xS_1+a_yC_1 & -p_xS_1+p_yC_1 \\ 0 & 0 & 0 & 1 \end{bmatrix} $$

④参考表 3.1 列出右式：

$$ \begin{bmatrix} C_2(C_4C_5C_6-S_4S_6)-S_2S_5S_6 & -C_2(C_4C_5C_6+S_4C_6)+S_2S_5S_6 & C_2C_4S_5+S_2C_5 & S_2d_3 \\ S_2(C_4C_5C_6-S_4S_6)+C_2S_5C_6 & -S_2(C_4C_5C_6+S_4C_6)-C_2S_5S_6 & S_2C_4S_5-C_2C_5 & -C_2d_3 \\ S_4C_5C_6+C_4S_6 & -S_4C_5C_6+C_4S_6 & S_4S_5 & d_2 \\ 0 & 0 & 0 & 1 \end{bmatrix} $$

由第三行第四列元素相等，可得：

$$ -p_xS_1+p_yC_1=d_2 $$

⑤引入中间变量 r 及 φ，令

$$ p_x=r\cdot\cos\varphi $$

$$ p_y=r\cdot\sin\varphi $$

$$ r=\sqrt{p_x^2+p_y^2} $$

$$ \varphi=\arctan\frac{p_y}{p_x} $$

则式子可化为：

$$ \cos\theta_1\sin\varphi-\sin\theta_1\cos\varphi=\frac{d_2}{r} $$

利用和差公式，上式可化为：

$$ \sin(\varphi-\theta_1)=\frac{d_2}{r} $$

这里，$0<\frac{d_2}{r}\leqslant 1$，$0<\varphi-\theta_1<\pi$，又因为

$$ \cos(\varphi-\theta_1)=\pm\sqrt{1-(d_2/r)^2} $$

可得：

$$\theta_1=\arctan\frac{p_y}{p_x}\pm\arctan\frac{d_2}{\sqrt{r^2-d_2^2}} \tag{3-4}$$

(2)求 θ_2

根据左、右式两边第一行第四列相等和第二行第四列相等，有：

$$\begin{cases}p_xC_1+p_yS_1=S_2d_3\\ -p_z=-C_2d_3\end{cases}$$

两式相除，易得：

$$\theta_2=\arctan\left(\frac{p_xC_1+p_yS_1}{p_z}\right)$$

(3)求 θ_3

由表格可得：

$$\theta_3=d_3$$

此处 θ_3 与 d_3 在数值上相等，从几何上表示为 θ_3 对应的弧度等于 d_3。

利用 $\sin^2\theta+\cos^2\theta=1$，利用式(3-4)可解得：

$$\theta_3=d_3=S_2(p_xC_1+p_yS_1)+p_zC_2$$

(4)求 θ_4

由于${}_3^6\boldsymbol{T}={}_3^4\boldsymbol{T}{}_4^5\boldsymbol{T}{}_5^6\boldsymbol{T}$，所以

$$({}_3^4\boldsymbol{T})^{-1}\times{}_3^6\boldsymbol{T}={}_4^5\boldsymbol{T}{}_5^6\boldsymbol{T} \tag{3-5}$$

☞ 思考：

若有1个5自由度机器人，你要如何建立它的运动方程?

将式(3-5)左右展开，取左、右的第三行第三列对应相等，有：

$$-S_4[C_2(a_xC_1+a_yS_1)-a_zS_2]+C_4(-a_xS_1+a_yC_1)=0$$

可得：

$$\theta_4=\arctan\left[\frac{-a_xS_1+a_yC_1}{C_2(a_xC_1+a_yS_1)-a_zS_2}\right]$$

(5)求 θ_5

根据式(3-5)左右展开后，取左、右的第一行第三列相等，第二行第三列相等，有：

$$\begin{cases}C_4[C_2(a_xC_1+a_yS_1)-a_zS_2]+S_4(-a_xS_1+a_yC_1)=S_5\\ S_2(a_xC_1+a_yS_1)+a_zC_2=C_5\end{cases}$$

可得：

$$\theta_5=\arctan\left(\frac{C_4[C_2(a_xC_1+a_yS_1)-a_zS_2]+S_4(-a_xS_1+a_yC_1)}{S_2(a_xC_1+a_yS_1)+a_zC_2}\right)$$

(6)求 θ_6

由于${}_4^6\boldsymbol{T}={}_4^5\boldsymbol{T}{}_5^6\boldsymbol{T}$，所以

$$({}_4^5\boldsymbol{T})^{-1}\times{}_4^6\boldsymbol{T}={}_5^6\boldsymbol{T}$$

展开后，取左、右的第一行第二列相等和第二行第二列相等，有

$$\begin{cases}S_6=-C_5\{C_4[C_2(o_xC_1+o_yS_1)-o_zS_2]+S_4(-o_xS_1+o_yC_1)\}+S_5[S_2(o_xC_1+o_yS_1)+o_zC_2]\\ C_6=-S_4[C_2(o_xC_1+o_yS_1)-o_zS_2]+C_4(-o_xS_1+o_yC_1)\end{cases}$$

可得：

$$\theta_6 = \arctan\left(\frac{S_6}{C_6}\right)$$

至此，关节变量 $\theta_1 \sim \theta_6$ 全部求出。上面讲述的方法其实就是将含有未知数如 θ_1 的矩阵求逆，然后用逆矩阵左乘左式的方式将所有的 θ_1 移到左侧，从而将该未知数与其他未知数($\theta_2 \sim \theta_6$)进行分离。通过左右两式相等，找出只与 θ_1 有关的元素组合方程，求出 θ_1。利用求出的未知数，然后如此逐级求解其他未知数。

任务实施

机器人什么是机器人的逆向运动学，它的目的是为了解决什么问题？

任务5　机器人的奇异点问题

知识目标

1. 了解机器人奇异点产生的原因；
2. 掌握遇到奇异点时的解决方法。

知识链接

在机器人逆运动学中，当末端位于奇异点时，一个末端位置会对应无限多组解，这是因为运动学中使用 Jacobian(雅可比)矩阵来转换机器人各关节转角矢量及机械手臂末端的关系，当机械手臂中的两轴共线时，矩阵内并非完全线性独立，这造成 Jacobian 矩阵的秩(rank)减少，其行列式值(determinant)为零使得 Jacobian 矩阵无反函数，逆运动学无法运算，这时奇异点就产生了。当机械手臂处于线性运动模式(linear mode)时，系统并未事先计算好运动过程中的手臂姿态(configuration)，倘若在运动过程中遇到奇异点，则会造成机械手臂卡住或提示错误。

以第一次世界大战中坐在老式双翼飞机后座的机枪手为例。当在前座舱中的驾驶员控制飞机飞行时，后座舱的机枪手负责射击敌人。为了完成这项任务，后座舱机枪被安装在有两个旋转自由度的机构上，这两个自由度分别称为方位角和仰角，如图 3-12 所示。通过这两个运动，机枪手可以直接射击上半球中除奇异点外任何方向上的目标。

机器人的奇异点

思考：
什么是机器人的奇异点？

当一架敌机出现在方位角 15°、仰角 70°的地方时，机枪手瞄准敌机并开始向其开火。敌机迅速躲避，相对于机枪手的飞机仰角越来越大。很快，敌机飞过机枪手的正上方。当敌机飞过机枪手的正上方时，机枪手需要快速地改变机枪的方位角，但是他并不能以如此快速的动作改变方位角，因而致使敌机逃脱。最终幸运的敌机飞行员因为机枪机构的奇异点而获救。

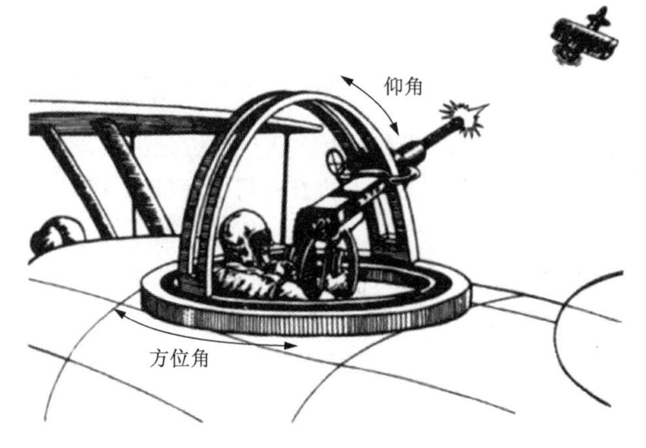

图 3-12　方位角与仰角

机枪的定位机构尽管在绝大部分操作范围内都能工作良好，但当机枪竖直向上或者接近这个方位时，它的工作状态就越来越不理想。为了跟踪穿过飞机正上方的目标，机枪手需要使枪以非常快的速度绕着方位轴转动。实际上，任何一个只有两个转动关节的两自由度定位机构都不能避免这个问题，例如机枪竖直向上射击时，机枪的方向与方位角转轴共线，也就是说，当处于这一点时，其中一个转动关节失效了，在这个位置，该机构发生了局部退化，就像失去一个自由度一样(仅有仰角)。这种现象是由机构奇异性造成的，所有的机械装置都存在这种问题，包括机器人，当机器人手臂末端接近奇异点时，微小的位移变化量就会导致某些轴的角度产生剧烈变化，产生近似无限大的角速度。

1. 常见奇异点的发生位置

机器人的奇异点与机械手臂姿态有关，六轴机械手臂的奇异点常见的发生位置有以下 4 种。

(1)腕关节奇异点位置

当第 4 轴与第 6 轴共线时，如图 3-13 所示，会造成系统尝试将第 4 轴与第 6 轴瞬间旋转 180°。

(2)肩关节奇异点位置

当第 1 轴与腕关节中心 C 点(第 5 轴与第 6 轴之交点)共线，如图 3-14 所示，会造成系统尝试将第 1 轴与第 4 轴瞬间旋转 180°。此类型有个特殊的情况，当第 1 轴与腕关节中心共线，且与第 6 轴共线时，会造成系统尝试第 1 轴与第 6 轴瞬间旋转 180°。

(3)肘关节奇异点位置

当腕关节中心 C 点与第 2 轴、第 3 轴共平面时，如图 3-15 所示，会造成肘关节卡住，像是被锁住一般，无法再移动。

(4)端点速度重合

比如在图 3-16 的姿态下，机器人的端点可以产生的速度是由两个速度合成的：$\boldsymbol{v}_1$ 和 $\boldsymbol{v}_2$。$\boldsymbol{v}_1$ 是由于第一个旋转关节产生的。$\boldsymbol{v}_2$ 是由于第二个旋转关节产生的。

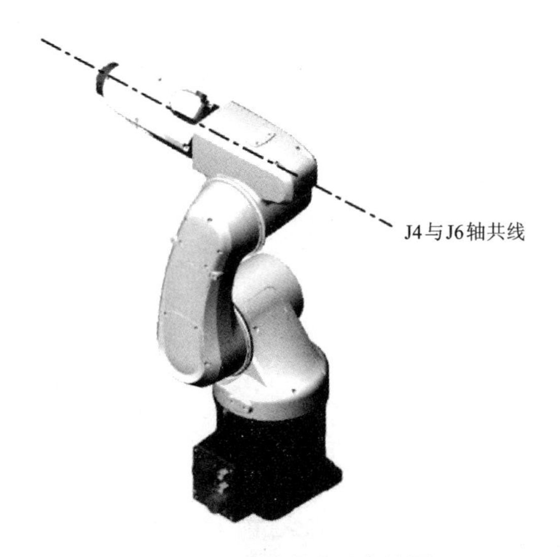

图 3-13　腕关节奇异点位置

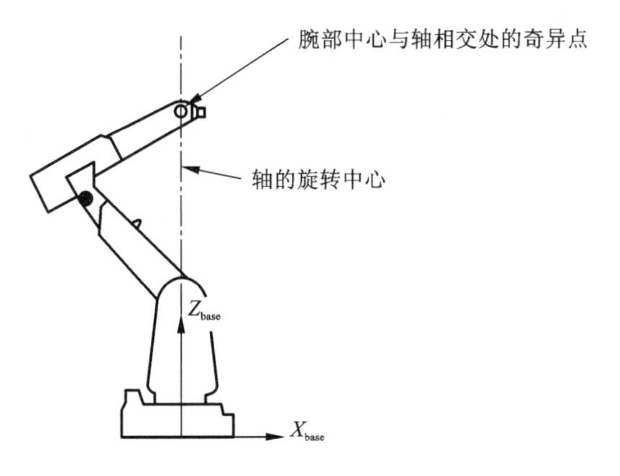

图 3-14　肩关节奇异点位置

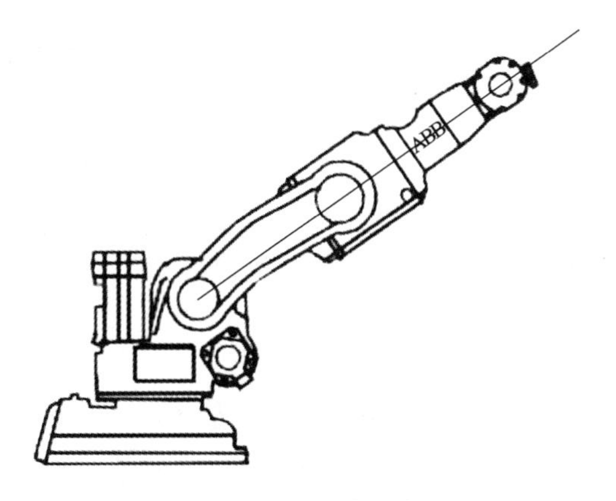

图 3-15　肘关节奇异点位置

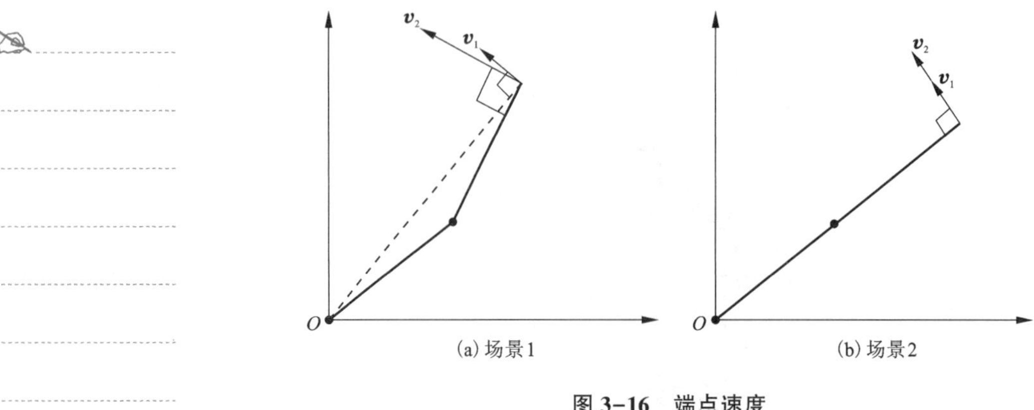

(a) 场景1　　(b) 场景2

图 3-16　端点速度

可以看到图 3-16(a)中两个速度矢量 $\boldsymbol{v}_1$ 和 $\boldsymbol{v}_2$ 在平面上没有共线，它们是独立的、不共线的，我们是可以通过调整 $\boldsymbol{v}_1$ 和 $\boldsymbol{v}_2$ 来得到任意的合速度的(大小和方向)。

但是，当机器人处于图 3-16(b)这个姿态的时候：这个情况很直接，无论你怎样改变 $\boldsymbol{v}_1$ 和 $\boldsymbol{v}_2$ 的大小，你都只能合成出和 $\boldsymbol{v}_1$($\boldsymbol{v}_2$)方向相同的速度。这就意味着你的机器人端点的速度不是任意的了，你只能产生某个方向上的速度。

这样机器人就奇异了。在机器人控制上来说，就意味着，一旦出现奇异情况，你就不能随意控制机器人朝着你想要的方向前进了。这也就是前面所谓的自由度退化、逆运动学无解。

2. 如何避免奇异点

☞ 思考：
为什么要避免机器人奇异现象发生?

理论上，机械手臂到达奇异点时角速度无限大，为避免损坏，机器人制造商已在机器人的底层控制程序里加入了安全算法，当速度过快时机械手臂停止，并产生错误提示信息。使用者也可以限制机械手臂经过奇异点附近时的速度，使其缓慢地通过，避免停机。

在 ABB 机械手臂控制器中，当第 5 轴角度为 0°，即第 4 轴与第 6 轴共线时，会出现错误提示信息，机械手臂自动停止运动，可通过以下方法来避免奇异点问题。

①增加目标点，调整姿态，避免第 5 轴角度出现 0°的情况，这也是有时机械手臂运行时会有一些无法预期的动作的原因。

②修改 MOVEL 指令为 MOVEJ 指令，在非必须以直线运动的工作需求下，使用关节运动取代直线运动，以 MOVEJ 指令可使机械手臂自主调整姿态，避免运行至奇异点附近。

③当机械手臂运动到奇异点或者其附近，系统提示“靠近奇异点”，机械手臂自动停止移动时，可将机器人调至关节坐标系下通过将第 5 轴的转角单独调为非零数值，使第 4 轴和第 6 轴解除共轴关系。

本章小结

本章在不考虑力与力矩的情况下讲解了机器人运动学基础。在这一章中，我们学习了机器人位姿的概念、位姿的数学表示方法、坐标变换等基础知识。并且，通过D-H建模方法学习了机器人末端位姿与机器人各轴之间的数学关系，这也就是运动学中的求正解问题，另外通过给出机器人连杆参数例题的方式讲述了如何求机器人逆解，最后我们还了解了运动学中的奇异点问题。学习机器人运动学基础，有助于我们了解机器人运动方式，从而为进一步工业机器人控制方面的学习打下基础。

任务实施

1. 六轴串联型机器人产生奇异点的形式有哪些？
2. 在正常操作过程中，我们可以通过哪些方式避免遇到奇异点？

习　题

1. 解答题

图3-17所示是一个3自由度机器人的示意图，3个关节皆是旋转关节，第3轴线垂直于1、2关节轴线所在的平面。各个关节的旋转方向如图中所示。要求按D-H方法建立各连杆坐标系，并建立D-H参数表，求出该机器人的D-H运动学模型。

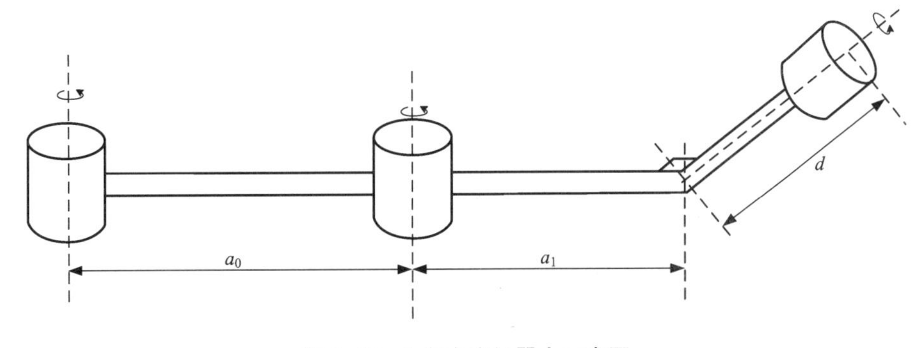

图3-17　3自由度机器人示意图

2. 解答题

图3-18所示是一个3自由度机器人的示意图，3个关节皆是旋转关节，第2关节轴线垂直于1、3关节轴线。各个关节的旋转方向如图3-18所示。要求按

D-H 方法建立各连杆坐标系，建立 D-H 参数表，并求出该机器人的 D-H 运动学模型。

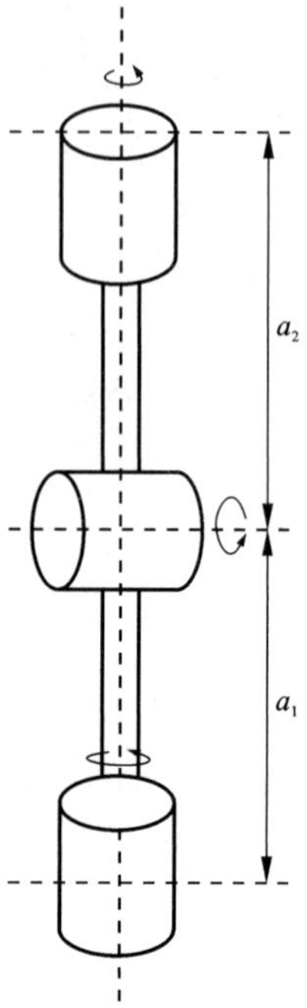

a_2

a_1

图 3-18 3 自由度机器人示意图

项目四

工业机器人的操纵

- 工业机器人的操纵
  - 认识工业机器人
    - 控制柜
      - 面板
        - 紧凑型控制柜
          - 接线面板
          - 动力电源面板
          - 控制面板
        - 标准控制柜
      - 开机
        - 开机前检查
        - “电源开关”旋钮旋至“ON”
        - 示教器显示“等待”
      - 关机
        - 机器人恢复到初始状态
        - 按下“急停按钮”
        - “电源开关”旋钮旋至“OFF”
    - 本体机械部分
    - 示教器的使用(ABB)
      - 主要特点
      - 外观介绍
      - 使用方法
      - 功能按钮
      - 屏幕功能
      - 运行模式
    - 工业机器人操作的安全规范
      - 示教前安全规定
      - 示教期间安全规定
      - 自动执行安全规定
      - 其他有关示教的安全规定
      - 程序验证安全规定
  - 工业机器人的手动操纵
    - 手动关节运动
      - 单轴运动
      - 线性运动
    - 手动线性运动
    - 手动重定位运动
    - 增量模式
    - 配置求教器的可编程按键

任务一　认识工业机器人

知识目标

1. 了解机器人的控制柜；
2. 认识机器人的示教器；
3. 了解机器人的安全操作规章制度。

能力目标

1. 能够正确启动机器人；
2. 能够正确使用机器人的示教器；
3. 能够遵守机器人安全操作规章。

任务描述

1. 完成安全规范习题；
2. 能够启动机器人；
3. 正确使用机器人的示教器。

知识链接

4.1.1　工业机器人操作的安全规范

1. 示教前安全规定

①检查机器人的本体、控制柜等设备设施的完整程度，如发现任何异常请立即联系相关专业人员处理。

②示教人员应目检机器人系统和安全防护空间，确保不存在产生危险的外界条件。

③示教盒的运动控制和急停控制应进行功能测试，以保证正常操作。示教操作开始前，应排除故障和失效。编程时应关断机器人驱动器不需要的动力。

④示教人员进入工作区域前，所有的安全防护装置应确保在位，且在预期的示教方式下能起作用。进入工作区域前，应要求示教人员进行编程操作，但不能进行自动运行操作。

⑤将控制柜上的钥匙开关选择到本地，防止操作过程中外围信号输入引起的机器人在操作者不知道的情况下进行误操作。

⑥确认急停键是否正常。

⑦在示教前，为安全起见，应该设立示教锁。

⑧在安全围栏内示教操作必须在机器人慢速并保证人员安全的前提下才允许操作。

⑨所有相关操作需进行专业的培训并考核合格后才允许操作。

⑩为了防止示教者之外的其他人员误操作各按钮，示教人员应挂出警示牌以防止误启动。

⑪确认在安全围栏内没有任何其他人。

⑫机器人系统有异常或故障时，禁止带病作业，应将故障排除后再进行操作。

⑬确认安全保护装置能够正确运行。

⑭如出现任何异常情况，均应停止操作。

2. 示教期间安全规定

①示教期间仅允许示教编程人员在防护空间内，其他人员禁止入内。

②示教时，操作者要确保自己有足够的空间后退，并且后退空间没有障碍物，禁止依靠示教。

③禁止戴手套操作示教盒，避免误操作按键。

④操作机器人时，确保机器人运动空间内没有人员；如果必须进入机器人运动空间才能示教，则依照谁拿示教盒谁靠近机器人的原则，禁止不拿示教盒的人员指挥拿示教盒的人员进行操作；如果控制柜离机器人较远，必须两人配合示教，则禁止使用呼喊的方式进行指挥，需要使用打手势的方式。

⑤示教期间，机器人运动只能受示教装置控制，不能接受其他设备的控制命令。

⑥示教人员应具有单独控制安全防护空间内其他设备运动的控制权，且这些设备的控制应与机器人的控制分开。

⑦示教期间，如果防护空间内部有多台机器人，应保证示教其中一台的时候，另外的机器人均处于切断使能的状态。

⑧若在安全防护空间内有多台机器人，而栅栏的连锁门开着或现场传感装置失去作用时，所有的机器人都应禁止进行自动操作。

⑨机器人系统中所有的急停装置都应保持有效。

⑩示教时，机器人的运动速度应低于 250 mm/s，具体的速度选择应考虑万一发生危险，示教人员有足够的时间脱离危险或停止机器人的运动。

⑪在机器人动作范围内进行示教作业时，在动作范围之外要有人进行监护，并站在控制柜旁随时准备按急停按钮，或让人拿着示教盒站在防护区域外进行监护，随时准备按急停按钮。

⑫示教人员应保持从正面观察机器人进行示教的姿势，看着示教点，手动示教。

⑬示教人员应预先选择好退避场所和退避途径。

⑭示教人员离开示教场地，必须关闭工作站电源，以防止其他工作人员误操作而伤人。

⑮在启动机器人系统进行自动操作前，示教人员应将暂停使用的安全防护装置功效恢复。

3. 其他有关示教的安全规定

①示教人员离开场地时，要将示教数据存储记录好，然后关闭工作站电源，防止其他工作人员误操作伤人。

②示教过程中如果需要离开场地一会，但是时间不长，应放置警告标志，并将急停等按钮按下，保证所有设备停止运行。

③中断示教时，为确保安全，应按下紧急停止按钮保证所有设备停止运行。

④示教完成后，应核对每个示教点的准确与否，防止运动之后出现不必要的问题。

⑤示教完成后，将机器人切换至自动运行模式，进行自动运行之前，应检查所有的防护措施是否有效，务必保证全部有效。

⑥示教完成后，需要运行程序时，应再跟踪示教一遍，确认动作后再使用程序。

⑦要解除紧急停止，必须先查明原因。

⑧在使用操作面板和示教盒作业时，严禁戴手套操作。

4. 自动执行安全规定

①预期的安全防护装置都在原位，并且全部有效。

②在开始执行前，确保人员处在安全区域内。

③操作者要在机器人运行的最大范围外。

④保持从正面观看机器人，确保发生紧急情况时有安全退路。

⑤开始运行之前，应保证其他设备均处于安全位置，例如电线等处于线槽中，示教器处于安全位置等。

⑥示教编程器使用后，一定要放回原处。如不慎将示教编程器放在机器人、夹具或地上，当机器人工作时，会将示教编程器碰到机器人或工具上，会造成人身伤害或设备损坏的危险。

⑦操作者要在机器人运行的最大范围之外，手要放在急停按钮上，随时准备拍下急停按钮。

⑧运行时速度应注意从慢逐渐到快，应从最慢的速度开始运行，观察运行路径是否有问题，然后逐步加速。

⑨在自动运行时严禁人员进入机器人等设备的动作范围内。

5. 程序验证安全规定

程序验证是确认机器人的编程路径及处理性能与应用时所期望的路径和处理性能是否一致的方法。验证可以是程序路径的全部或一段。程序验证的人员应尽可能在安全防护空间外执行。当人员必须在安全防护空间内完成程序验证时，应满足：

①程序验证必须在机器人运动速度低于 250 mm/s 时进行，除机器人的运动控制仅适用握持-运行装置或使能装置外，还应满足自动执行安全规定中①~④的规定。

②当要求机器人的运行速度超过 250 mm/s 时，检验人员在安全防护空间内检查已编程的作业任务和与其他设备相互配合关系，应采用以下安全防护要求：

a. 第一个循环应采用低于 250 mm/s 的速度进行，然后仅有编程人员用键控开关谨慎地操作，分步增加速度。

b. 安全防护空间内的工作人员，应使用使能装置或与其安全级别等效的其他装置。

c. 应建立安全工作步骤以使在安全防护空间内的人员的危险减至最小。

4.1.2 机器人的控制柜

1. 工业机器人控制柜的面板

ABB 工业机器人的控制柜有两种型号，分别为紧凑型控制柜(图 4-1)和标准控制柜(图 4-2)。表 4-1 所示为各开关及功能。紧凑型控制柜由接线面板、动力电源面板、控制面板 3 个部分构成。

图 4-1 机器人紧凑型控制柜的开关面板

图 4-2 ABB 机器人标准控制柜

表 4-1　各开关及功能

功能图片	功　能
	电气柜的总电源开关，图示状态为开启，逆时针转就是关闭。每次断电长时间不是用的话建议关闭
	急停按钮，当出现紧急状况时可按下此按钮机器人就会立刻停止；当需要恢复工作时只需顺时针转动即可
	上电按钮及上电指示灯，当将机器人切换到自动状态时，在示教器上点击确定后还需要按下此按钮机器人才会进入自动运行状态
	机器人运行状态切换旋钮，左边的为自动运行，中间的为手动限速运行，右侧为手动全速运行(此状态不允许操作人员选用)。
	制动闸释放按钮，按下此按钮，机器人的制动闸会解除，机械臂可能会跌落

☞ 注意：

机器人开机后，如果机器人无法正常工作。此时，可先查看电气柜上的“急停开关”和示教器上的“急停开关”是否已经被复位。如果没有复位，可按照按钮上的箭头方向，旋转后，按下“电机上电”按钮后，再来查看机器人能否正常工作。

2. 工业机器人的开机

工业机器人使用之前，一定要做好开机前的准备，检查是否符合安全操作的规范，这里包括：

①检查各处螺栓、运动部件、安全防护装置等是否完好。

②检查并确认周边设备的状态和周边的环境，电源是否连接好，是否符合开机条件。

对于工业机器人的开机，将机器人电气控制柜面板上的“电源开关”旋钮旋至“ON”挡即可将机器人上电，上电后机器人的示教器进入初始化状态，当示教器上面的状态栏显示“等待”后即可对机器人进行操作。

在机器人运行以后，如果发生碰撞，对于载荷较小的机器人，如 IRB120 机器人，可以通过解除制动闸的方式，调整机器人的姿态。

机器人工作站的启动与关闭

机器人急停故障的解决

3. 工业机器人的关机

工业机器人使用完毕后，需要按照如下步骤进行关闭：

①将机器人通过示教操作，将机器人恢复到原点位置，建议轴 1 至轴 6 依次为(0，0，0，0，90，0)。机器人原点参考姿态如图 4-3 所示。

②将机器人电气柜和示教器上的“急停按钮”按下。

③将机器人电气柜面板上的“电源开关”旋钮旋至“OFF”挡即可关机。

机器人碰撞故障的解决

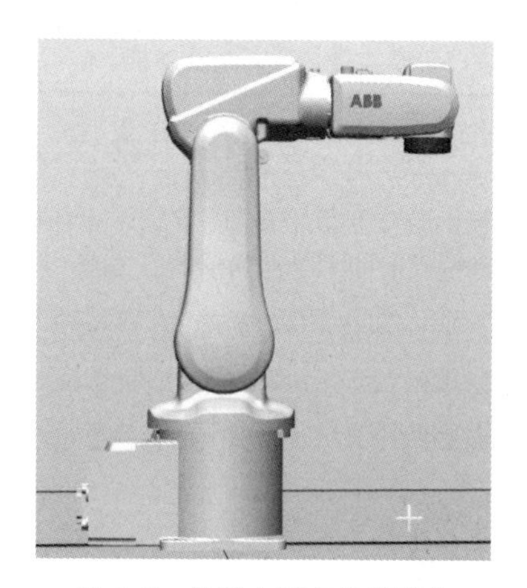

图 4-3 机器人原点参考姿态

4.1.3 机器人的本体机械部分

机器人的机械结构

机器人本体结构是机体结构和机械传动系统，也是机器人的支承基础和执行机构(图 4-4)。下面以串联型六轴机器人为例，为大家讲解机器人的内部构成。

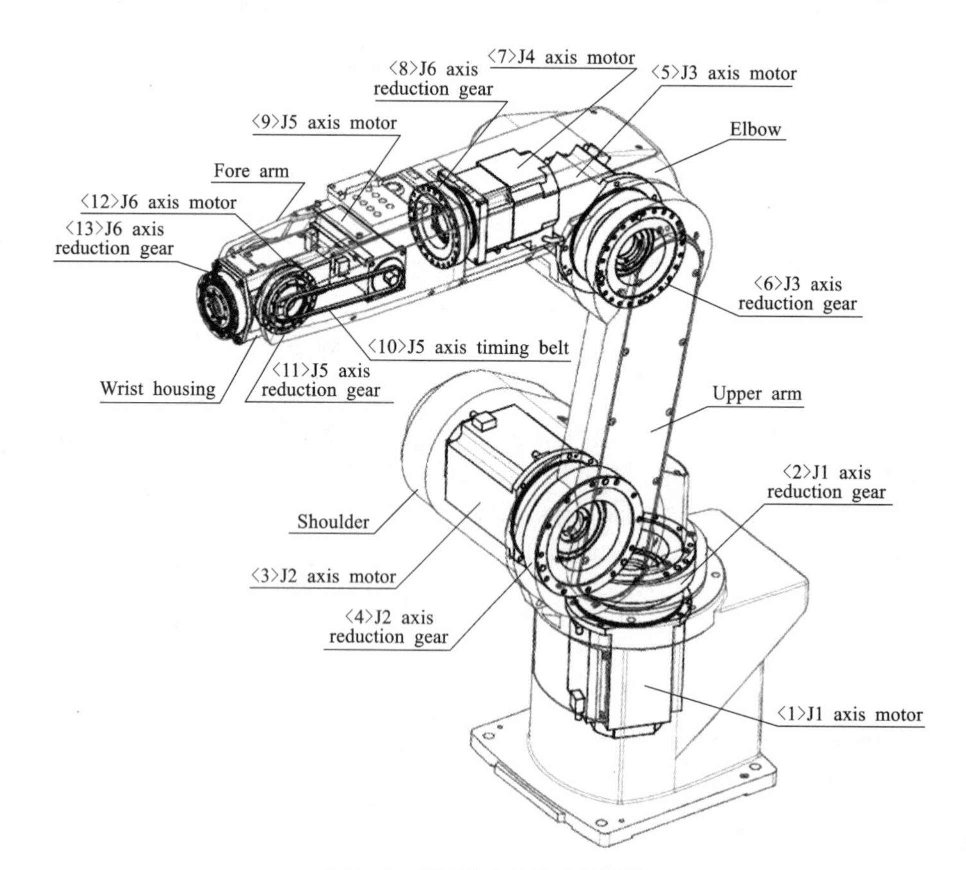

图 4-4 机器人本体的内部结构

4.1.4 机器人的示教器

本节以 ABB 机器人的示教器为例。

示教器的基本操作

1. ABB 机器人示教器的主要特点

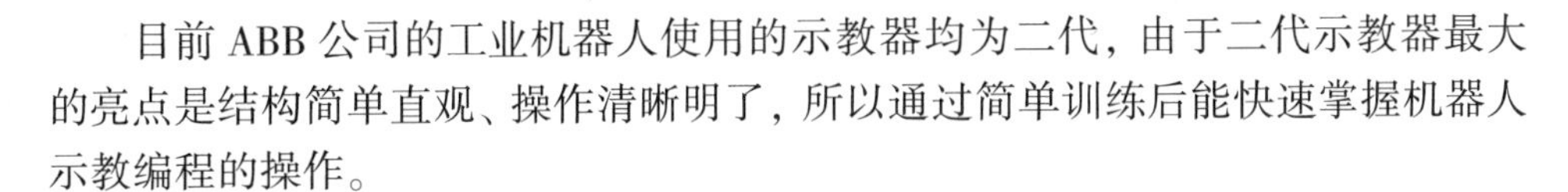

目前 ABB 公司的工业机器人使用的示教器均为二代，由于二代示教器最大的亮点是结构简单直观、操作清晰明了，所以通过简单训练后能快速掌握机器人示教编程的操作。

2. ABB 机器人示教器的外观介绍

示教器的正面和反面如图 4-5 所示，其按键和接口功能如表 4-2 所示。

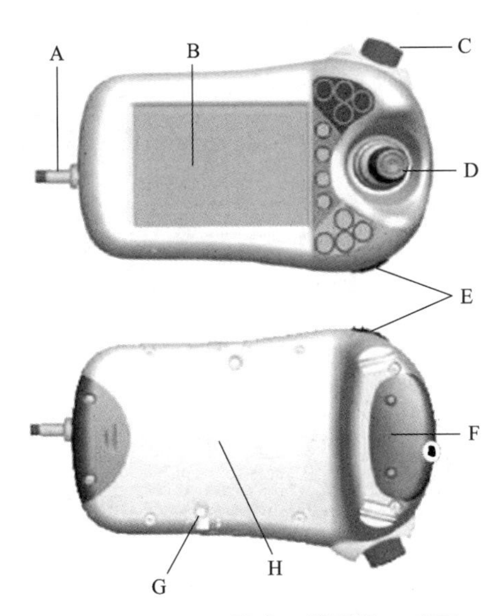

图 4-5 ABB 机器人示教器的正反面

表 4-2 ABB 机器人示教器按键和接口功能

图片编号	名称	功 能
A	连接器	连接示教器与机器人控制柜
B	触摸屏	实现显示与编程功能
C	紧急停止按钮	实现紧急停止功能
D	控制杆	使用控制杆移动操纵器，称为微动控制机器人
E	USB 端口	将 USB 存储器连接到 USB 端口以读取或保存文件。USB 存储器在对话和 FlexPendant 浏览器中显示为驱动器/USB：可移动的。注意！在不使用时盖上 USB 端口的保护盖

续表4-2

图片编号	名称	功 能
F	使能装置	在手动操作情况下，实现机器人的上电功能
G	触摸笔	触摸笔随 FlexPendant 提供，放在 FlexPendant 的后面。拉小手柄可以松开笔。使用 FlexPendant 时用触摸笔触摸屏幕。不要使用螺丝刀或者其他尖锐的物品
H	重置按钮	重置按钮会重置 FlexPendant

3. 机器人示教器的使用

(1)示教器的握持方法

机器人的种类繁多，每种机器人的示教器外观都不一样，如图 4-6 所示。

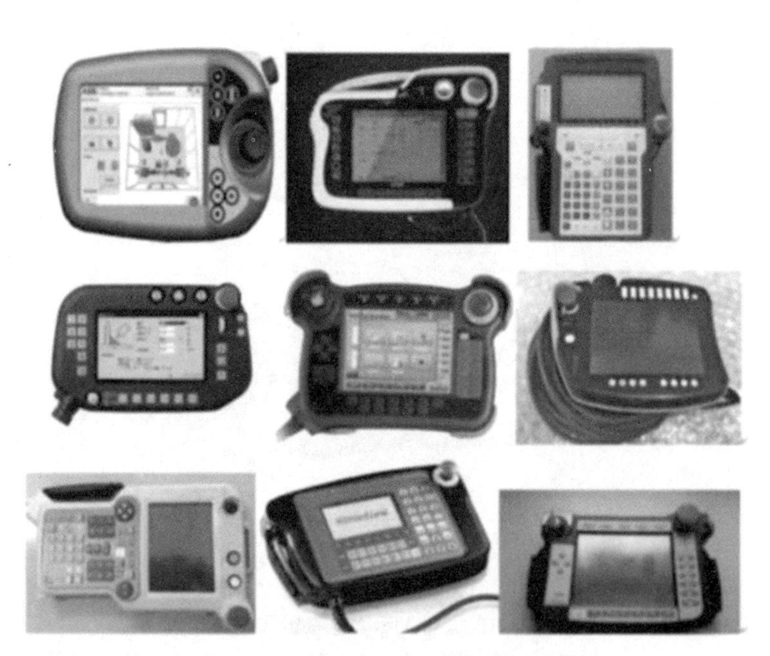

图 4-6 各品牌示教器

各品牌的示教器都有个特点，就是体积和重量都不小，我们需要通过一种比较合适的方式握持示教器。

握持示教器时的注意事项：

①握持时，注意找到绑带，手要穿过这根绑带，以防示教器掉落，同时也降低了握持示教器的难度。握持 ABB 机器人的示教器示例(图 4-7)。

②握持时，手指应能轻松触摸到示教器的使能开关。

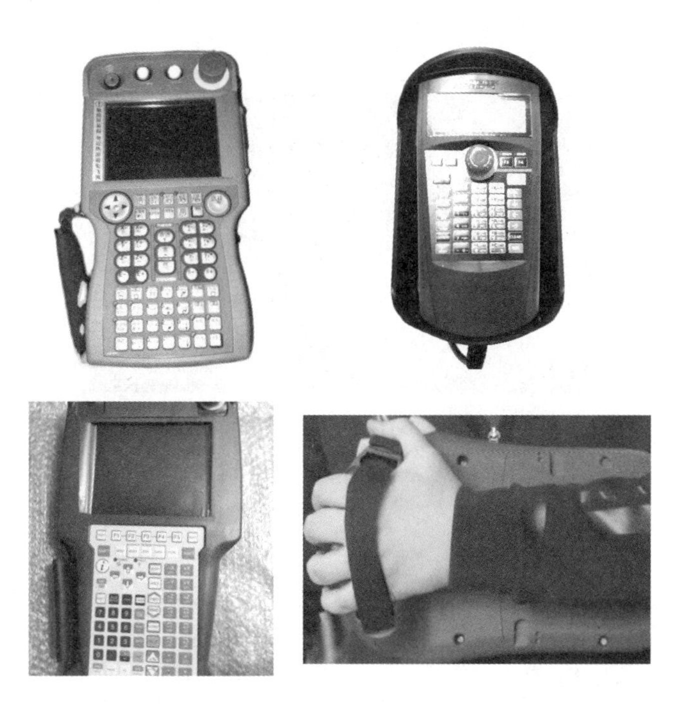

图 4-7　各品牌示教器

(2)示教器使能开关的使用

图 4-8 所示为不同品牌使能开关位置。

(a)KUKA

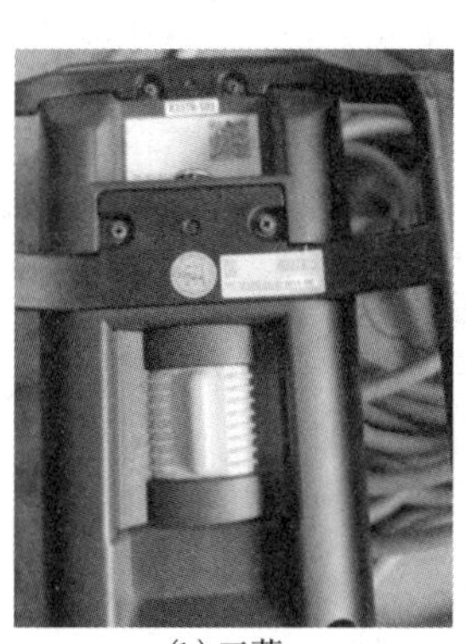

(b)三菱

(c)发那科

图 4-8　不同品牌使能开关位置

使能按钮是为保证操作人员人身安全而设计的。使能按钮分为两挡，在手动状态下第一挡按下去机器人将处于电机开启状态。只有在按下使能按钮并保持在“电机开启”的状态才可以对机器人进行手动的操作和程序的调试。

第二挡按下时机器人会处于防护停止状态。当发生危险时(出于惊吓)人会本能地将使能按钮松开或按紧，这两种情况下机器人都会马上停下来，保证了人身与设备的安全。

ABB 示教器使能开关如图 4-9 所示。

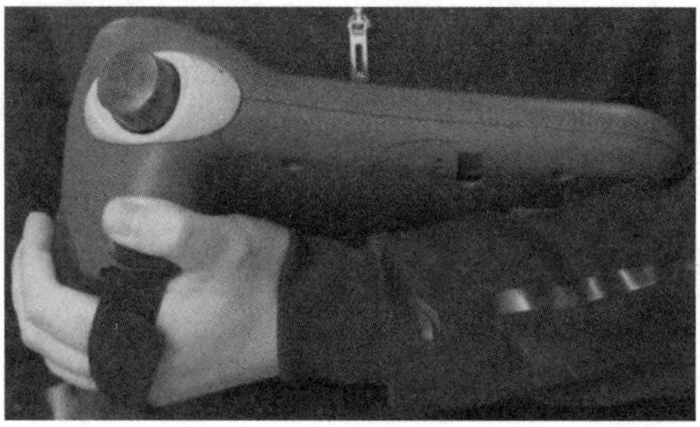

图 4-9　ABB 示教器使能开关

4. 示教器的功能按钮

FlexPendant 上有专用的可编程按键。操作者可以将自己的功能指定给其中 4 个按钮(图 4-10)。

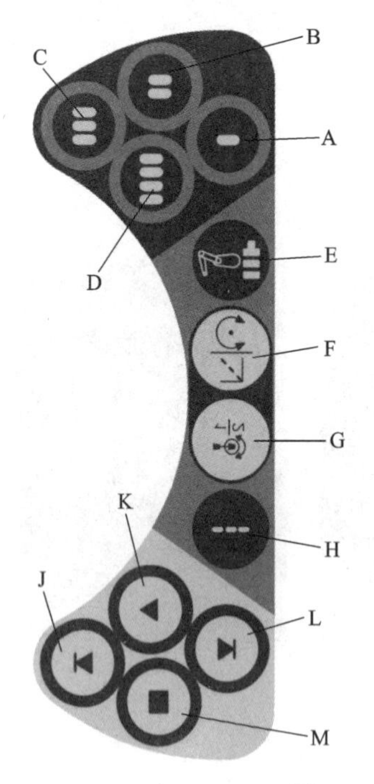

A-D　可编程按键
E　选择机械单元
F　切换运动模式，重定向或线性
G　切换运动模式，轴 1-3 或轴 4-6
H　切换增量模式
J　Step BACKWARD(步退)按钮。按下此按钮，可使程序后退至上一条指令
K　START(启动)按钮。开始执行程序
L　Step FORWARD(步进)按钮。按下此按钮，可使程序前进至下一条指令
M　STOP(停止)按钮。停止程序执行

图 4-10　ABB 机器人示教器按键

5. 示教器屏幕功能

工业机器人启动后，ABB 机器人示教器面板上可以看到如图 4-11 所示的操作界面，表 4-3 所示为各图标功能。

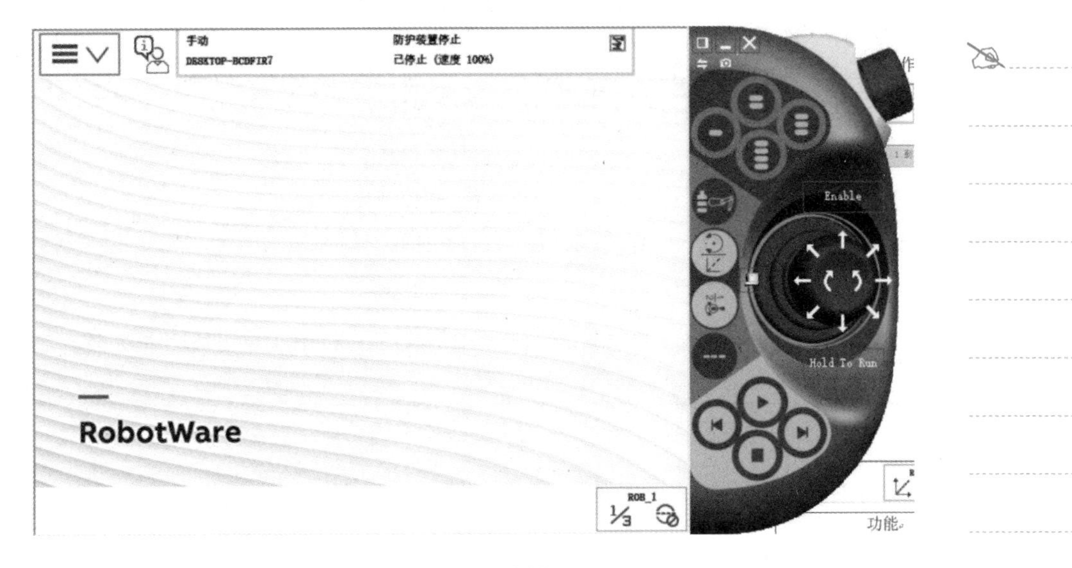

图 4-11　操作界面

表 4-3　各图标功能

图标	功能
	主菜单：显示机器人各个功能主菜单界面
	操作员窗口：机器人与操作员交互界面，显示当前状态信息
ROB_1 1/3	快捷操作菜单：快速设置机器人功能界面，如速度、运行模式、增量等
手动 DESKTOP-BCDFIR7 防护装置停止 已停止 (速度 100%)	状态栏：显示机器人当前状态，如工作模式、电机状态、报警信息等

6. ABB 机器人的状态栏

状态栏会显示当前状态的相关信息(图 4-12)，例如操作模式、系统、活动机械单元，表 4-4 所示为示教器状态栏功能。

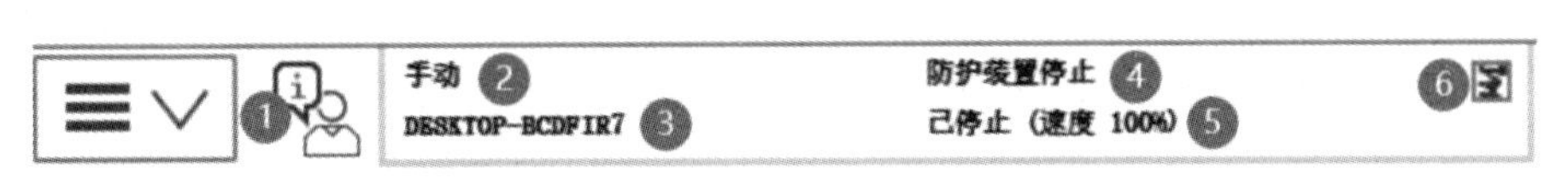

图 4-12　ABB 机器人示教器状态栏

表 4-4 示教器状态栏功能

标号	功能
1	操作员窗口
2	操作模式
3	系统名称(和控制器名称)
4	控制器状态
5	程序状态
6	机械单元。选定单元(以及与选定单元协调的任何单元)以边框标记。活动单元显示为财社，而未启动单元则为灰色。

7. ABB 机器人快速设置菜单

QuickSet(快速设置)菜单提供了比使用 Jogging(微动控制)视图更加快捷的方式来在各个微动属性之间切换。

菜单上的每个按钮显示当前选择的属性值或设置。

在手动模式中，快速设置菜单按钮显示当前选择的机械单元、运动模式和增量大小。

ABB 机器人快速设置菜单如图 4-13 所示。

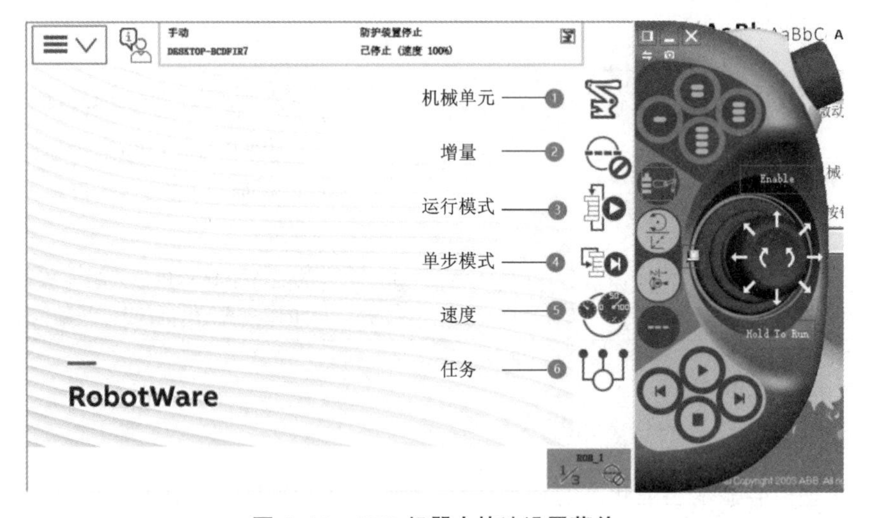

图 4-13 ABB 机器人快速设置菜单

8. Quickset(快速设置)菜单，Mechanical unit(机械装置)

在 Quickset(快速设置)菜单中，点击 Mechanical unit(机械装置)，然后点击选择一个机械装置(图 4-14)。

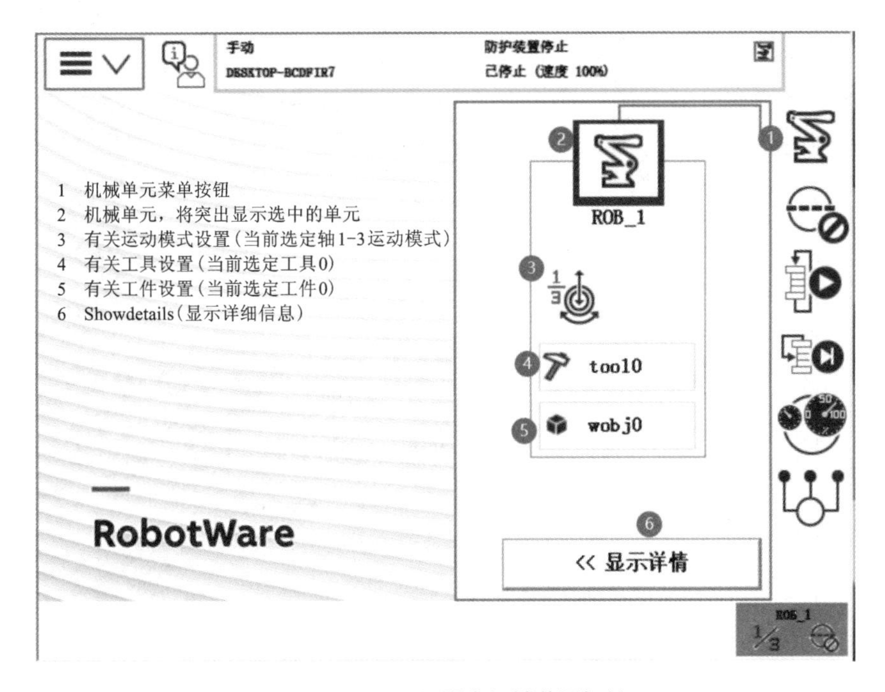

图 4-14　ABB 机器人机械装置标签

9. ABB 机器人主菜单

Show Details(显示详情)图如图 4-15 所示。

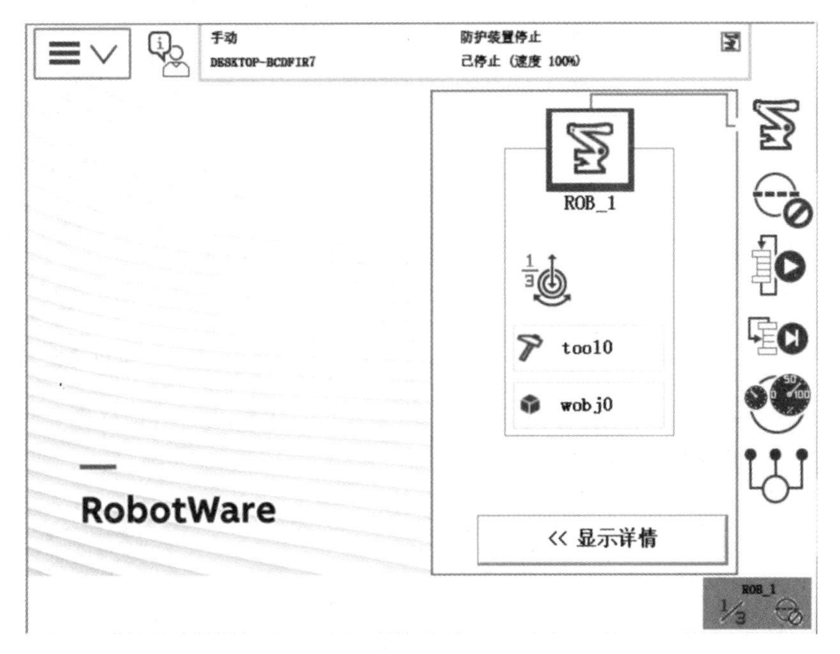

图 4-15　显示详情界面

点击 Show Details(显示细节)显示可用于机械装置的设置(图 4-16)。

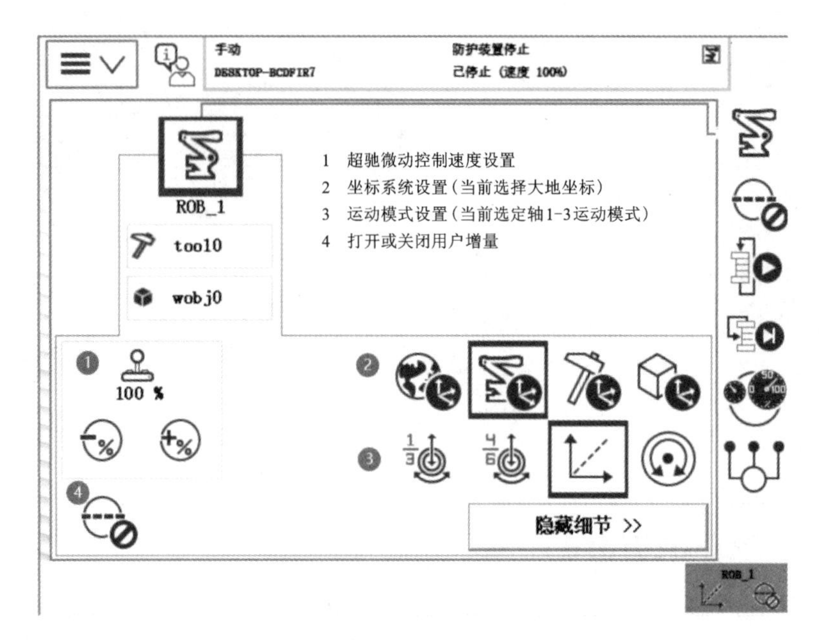

图 4-16 细节设置标签

10. 运行模式

通过设置运行模式，可以定义程序执行一次就停止，也可以定义程序持续运行(图 4-17)。

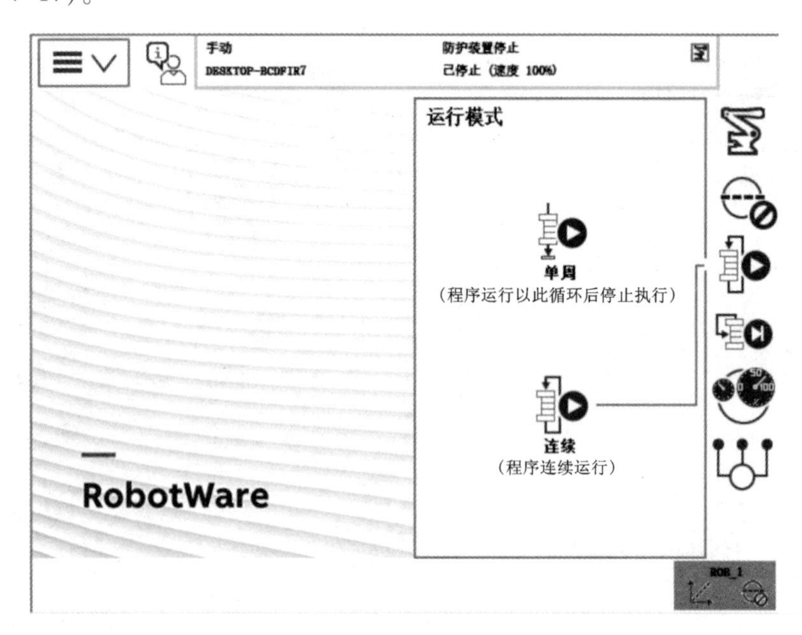

图 4-17 运行模式界面

11. Step Mode(步进模式)

单步模式：设置单步模式后可以定义逐步执行程序的方式(图 4-18)。

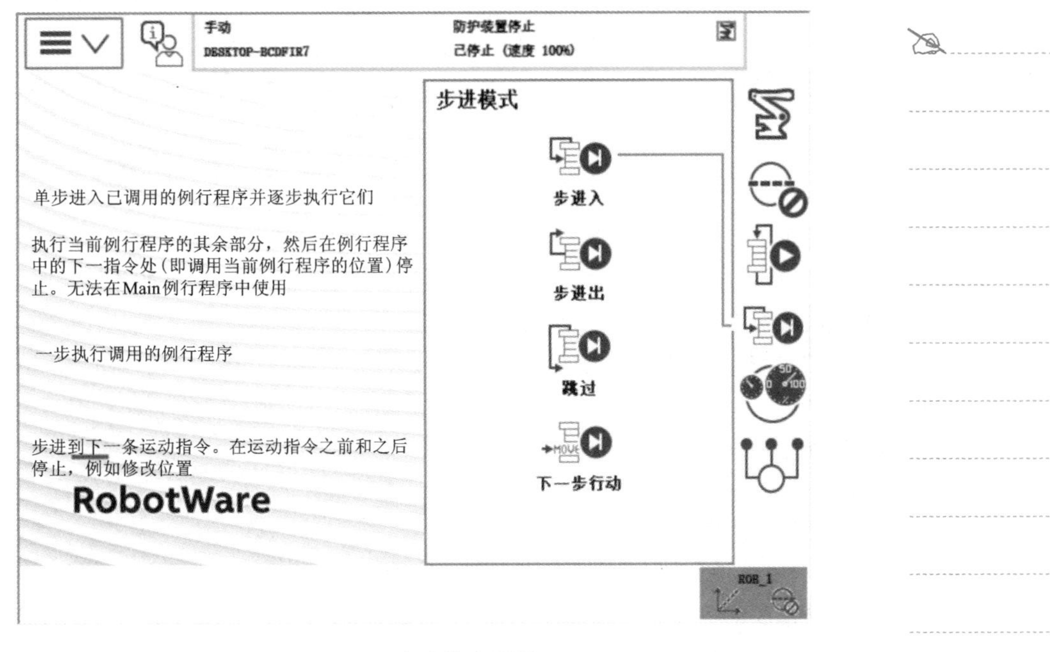

图 4-18　步进模式设置

12. Speed（速度）按钮

速度设置适用于当前操作模式。但是，如果降低自动模式下的速度，那么，更改模式后该设置也适用于手动模式（图 4-19）。

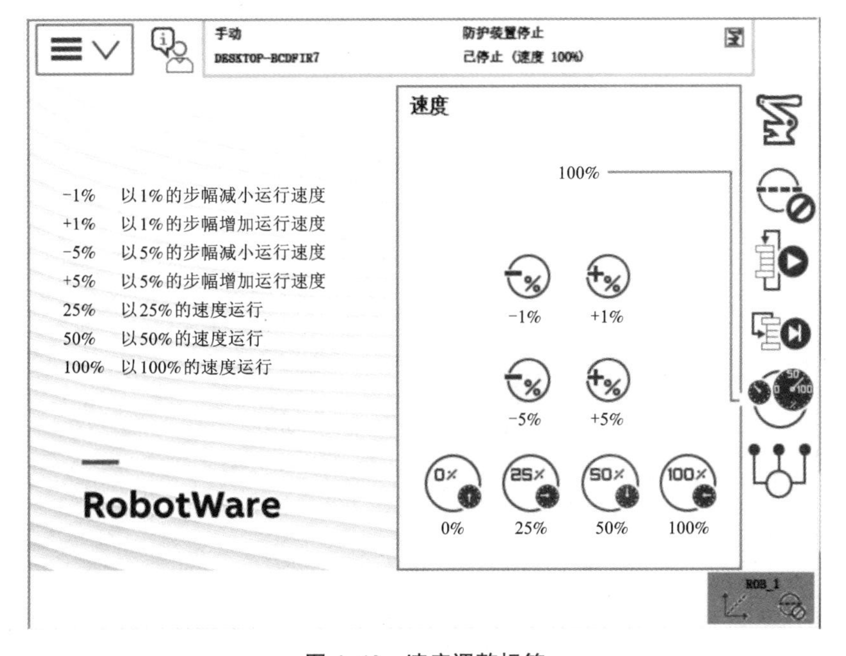

图 4-19　速度调整标签

点击 Speed(速度)按钮可查看或更改速度设置。在这些按钮上以"相对于最大运行速度的形式显示当前的运行速度。

任务实施

1. 仔细阅读工业机器人操作的安全规范，并完成以下安全习题

判断题：

(1)检查机器人的本体、控制柜等设备设施的完整程度，如发现任何异常请立即联系相关专业人员处理。(　　)

(2)示教人员应目检机器人系统和安全防护空间，确保不存在产生危险的外界条件。(　　)

填空题：

(1)第一个循环应采用低于__________的速度进行，然后仅有编程人员用键控开关谨慎地操作，分步增加速度。

(2)安全防护空间内的工作人员，应使用使能装置或与其安全级别________的其他装置。

(3)应建立安全工作步骤以使在安全防护空间__________的人员的危险减至最小。

(4)示教过程中如果有需要离开场地一会，但是时间不长，应放置警告标志，并将__________等按钮按下，保证所有设备停止运行。

(5)在使用操作面板和示教盒作业时，__________戴手套操作。

(6)操作者要在机器人运行的最大范围__________。

2. 机器人控制柜的操作

(1)仔细阅读机器人控制柜的操作部分，将功能图片中的标号在下面的图 4-20 中标出，表 4-5 所示为机器人开关面板的功能。

图 4-20　机器人电气柜的开关面板

表 4-5　机器人开关面板的功能

功能图片	功能
A	电气柜的总电源开关，图示状态为开启，逆时针转就是关闭。每次断电长时间不是用的话建议关
B	急停按钮当出现紧急状况时可按下此按钮机器人就会立刻停止，当需要恢复按钮时只需顺时针转动即可
C	上电按钮及上电指示灯，当将机器人切换到自动状态时，在示教器上点击确定后还需要按下这个按钮机器人才会进入自动运行状态
D	机器人运行状态切换旋钮，左边的为自动运行，中间的为手动限速运行，右侧为手动全速运行(此状态在不允许操作人员选用)。
E	制动闸释放按钮，当按下此按钮，机器人的制动闸会解除，机械臂可能会跌落

3. 机器人示教器的操作

(1)拿起机器人的示教器，在机器人的正反面分别找出以下部件，并在图 4-21 中标出，表 4-6 所示为标签功能。

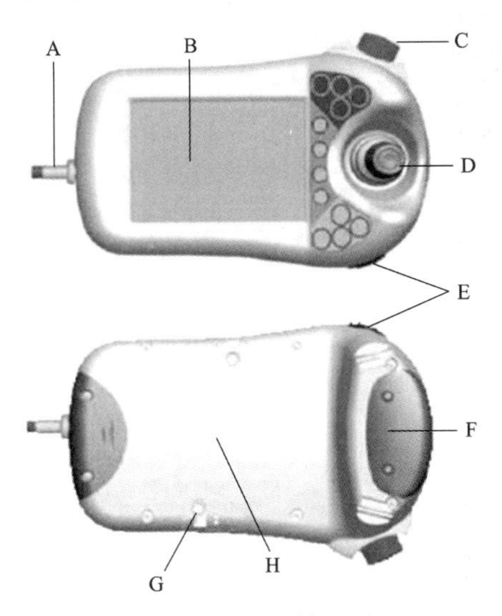

图 4-21　示教器的正反面

表 4-6　标签功能

图片编号	名称	功能
A		连接示教器与机器人控制柜
B		可以实现显示与编程功能
C		实现紧急停止功能
D		使用控制杆移动操纵器。它称为微动控制机器人。控制杆移动操纵器的设置有几种。

续表 4-6

图片编号	名称	功能
E		将 USB 存储器连接到 USB 端口以读取或保存文件。USB 存储器在对话和 FlexPendant 浏览器中显示为驱动器/USB：可移动的。注意！在不使用时盖上 USB 端口的保护盖。
F		实现在手动操作情况下，实现机器人的上电功能。
G		触摸笔随 FlexPendant 提供，放在 FlexPendant 的后面。拉小手柄可以松开笔。使用 FlexPendant 时用触摸笔触摸屏幕。不要使用螺丝刀或者其他尖锐的物品。
H		重置按钮会重置 FlexPendant，而不是控制器上的系统

(2)根据示教器的功能按钮，找出图 4-22 中以下功能，并将标号填至表 4-7 中对应的位置。

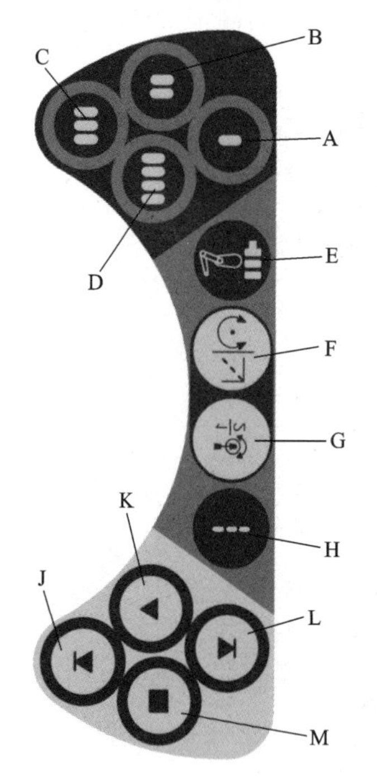

A-D 可编程按键
E 选择机械单元
F 切换运动模式，重定向或线性
G 切换运动模式，轴1-3或轴4-6
H 切换增量模式
J Step BACKWARD(步退)按钮。按下此按钮，可使程序后退至上一条指令
K START(启动)按钮。开始执行程序
L Step FORWARD(步进)按钮。按下此按钮，可使程序前进至下一条指令
M STOP(停止)按钮。停止程序执行

图 4-22 示教器功能按钮

表 4-7 标签功能

按键编号	对应功能
	预设按键
	选择机械单元。
	切换运动模式，重定向或线性。
	切换运动模式，轴 1-3 或轴 4-6。
	切换增量模式。

续表4-7

按键编号	对应功能
	Step BACKWARD(步退)按钮。按下此按钮，可使程序后退至上一条指令。
	START(启动)按钮。开始执行程序。
	Step FORWARD(步进)按钮。按下此按钮，可使程序前进至下一条指令。
	STOP(停止)按钮。停止程序执行

任务2　工业机器人的手动操纵

知识目标

1. 能够实现示教器的基本操作；
2. 能够掌握机器人单轴运动；
3. 能够掌握机器人线性运动；
4. 能够掌握机器人重定位运动。

能力目标

1. 能够手动控制工业机器人，实现路径轨迹的运行；
2. 将机器人的可编程按钮配置成机器人程序中的I/O口；
3. 能够夹取台面上的机器人的吸盘工具。

任务描述

1. 机器人的手动夹取吸盘工具；
2. 手动实现机器人料仓物料的搬运功能。

知识链接

4.2.1　机器人的手动关节运动

1. 单轴运动

一般地，ABB机器人是由6个伺服电动机分别驱动机器人的6个关节轴，那么每次手动操纵一个关节轴的运动，就称为单轴运动。

机器人的三种运动方式

在一些特别的场合使用单轴运动来操作会很方便快捷，比如说在进行转数计数器更新的时候、在机器人出现机械限位和软限位，也就是超出移动范围而停止时，可以利用单周运动的手动操作，将机器人移动到合适的位置。

在单轴运动的学习过程中，需要掌握每个轴的正方向。

图4-23所示为IRB 120机器人的关节轴。

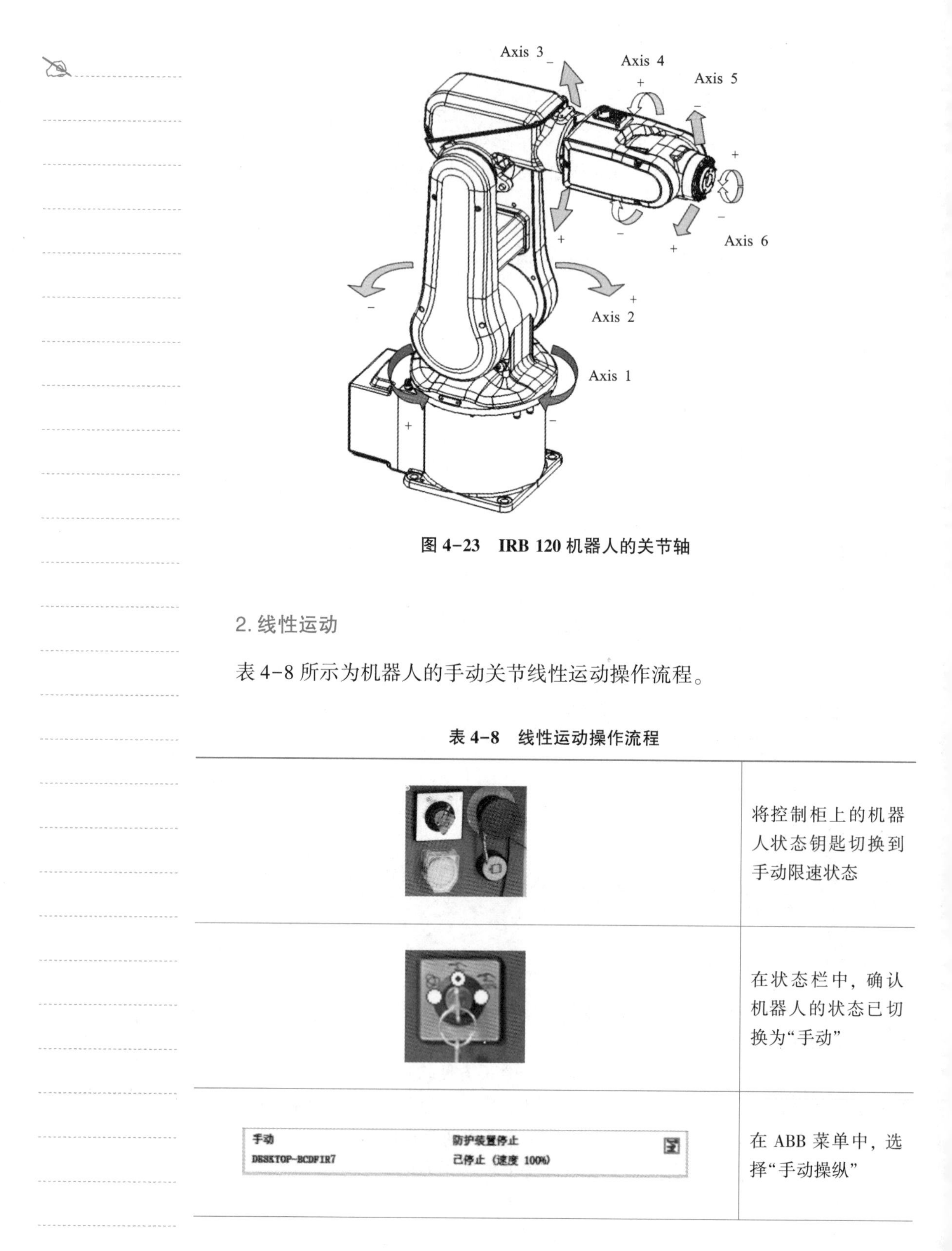

图 4-23 IRB 120 机器人的关节轴

2. 线性运动

表 4-8 所示为机器人的手动关节线性运动操作流程。

表 4-8 线性运动操作流程

	将控制柜上的机器人状态钥匙切换到手动限速状态
	在状态栏中，确认机器人的状态已切换为“手动”
手动 DESKTOP-BCDFIR7 防护装置停止 已停止 (速度 100%)	在 ABB 菜单中，选择“手动操纵”

续表 4-8

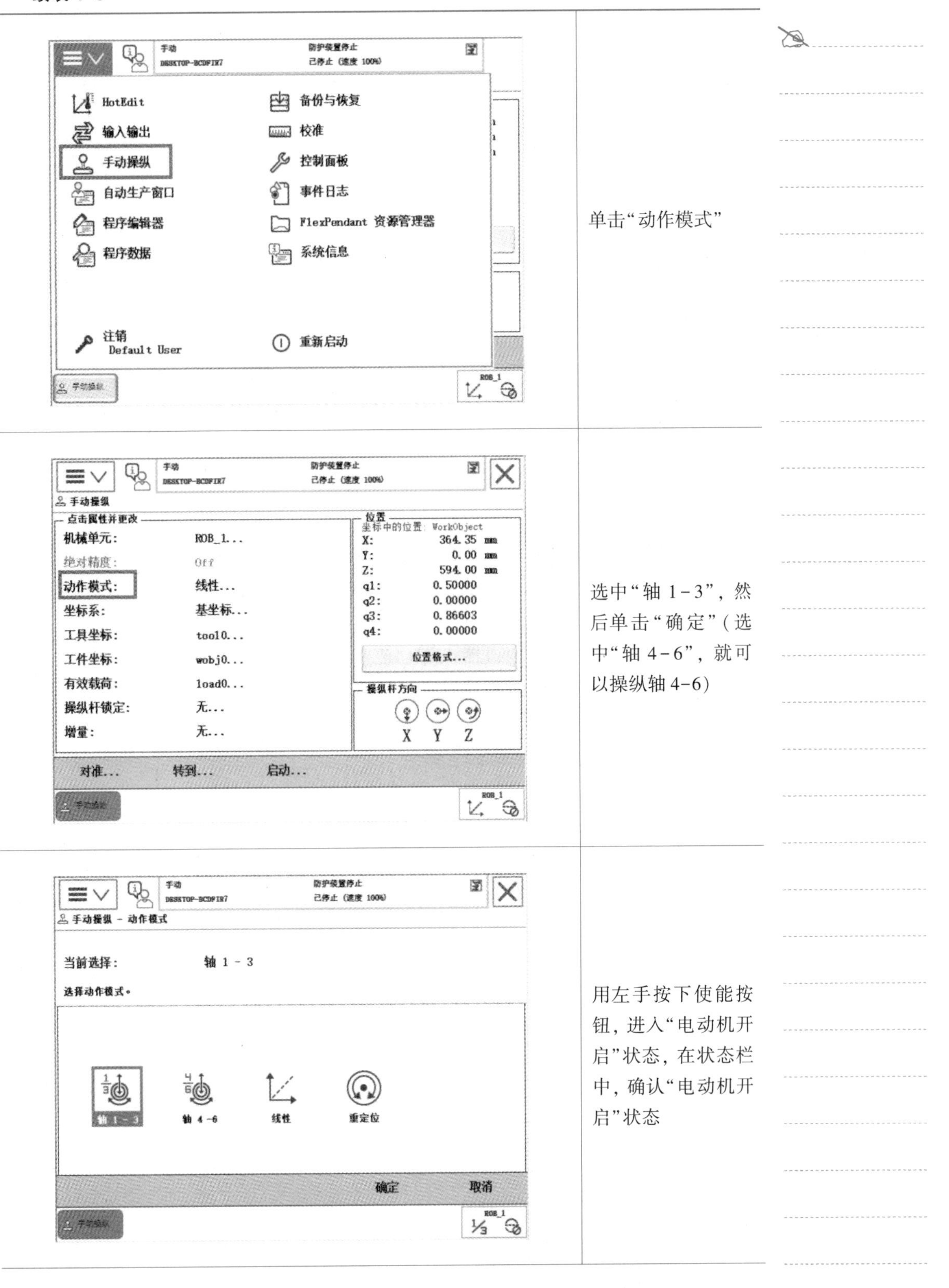

操作界面	操作说明
	单击“动作模式”
	选中“轴 1-3”，然后单击“确定”(选中“轴 4-6”，就可以操纵轴 4-6)
	用左手按下使能按钮，进入“电动机开启”状态，在状态栏中，确认“电动机开启”状态

☞ 建议：

（1）在操作时，尽量以小幅度持续扳动机器人示教器的摇杆，使机器人慢慢运动。

（2）当希望加快机器人运行速度时，缓慢增大机器人摇杆的扳动幅度，以加快机器人的运行速度。

（3）切忌通过一次次地扳动机器人的摇杆，调整机器人的位置，这样操作每次扳动后，机器人移动的距离都会不一样。

续表 4-8

<table>
<tr>
<td>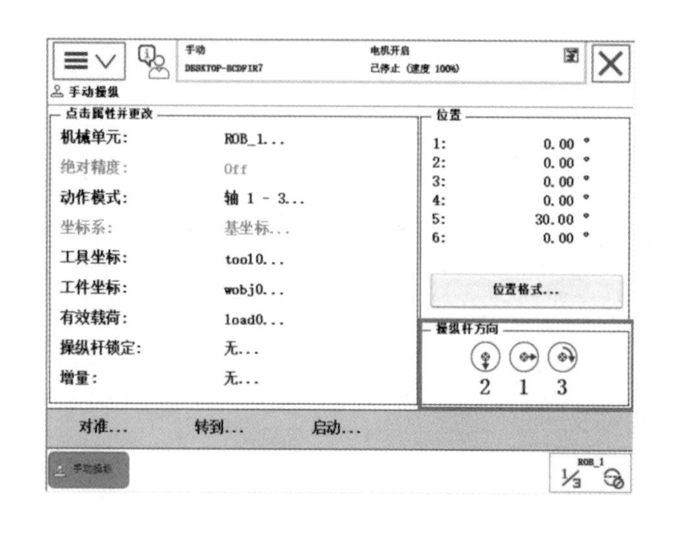
</td>
<td>此处显示“轴 1－3”的操纵杆方向。黄箭头代表正方向</td>
</tr>
</table>

操纵杆的使用技巧：

①可以将机器人的操纵杆看成是汽车的油门，操纵杆的扳动幅度大小与机器人的运动速度是正相关的；

②若操纵幅度较小，则机器人运动速度较慢；

若操纵幅度较大，则机器人运动速度较快。

4.2.2 机器人的手动线性运动

1. 线性运动

机器人的线性运动是指安装在机器人第 6 轴法兰盘上工具的 TCP 在空间中作线性运动。在操作机器人进行示教点位的过程中，一般会将机器人的运动模式调整为线性运动，因为线性运动比较直观。

在坐标系的选择过程中，会将坐标系调整为基坐标系或工件坐标系。

表 4-9 所示为机器人的手动线性运动操作流程。

表 4-9　线性运动操作流程

操作界面	说明
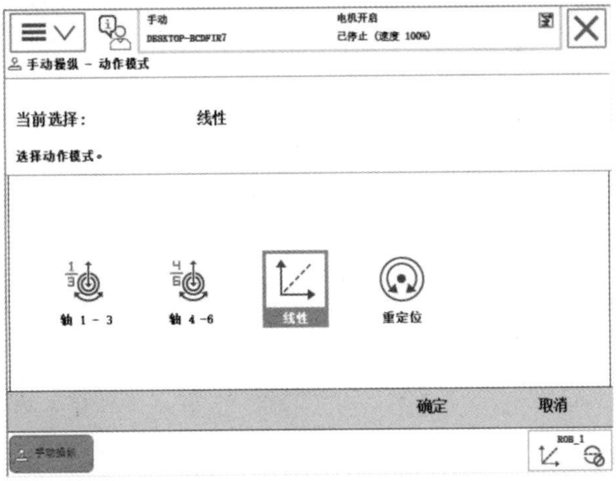 手动　DESKTOP-BCDFIR7　电机开启　已停止（速度 100%） 手动操纵 - 动作模式 当前选择：线性 选择动作模式。 轴 1 - 3　轴 4 -6　线性　重定位 确定　取消 手动操纵　ROB_1	“手动操纵”-“动作模式”界面中选择“线性”，然后单击“确定”
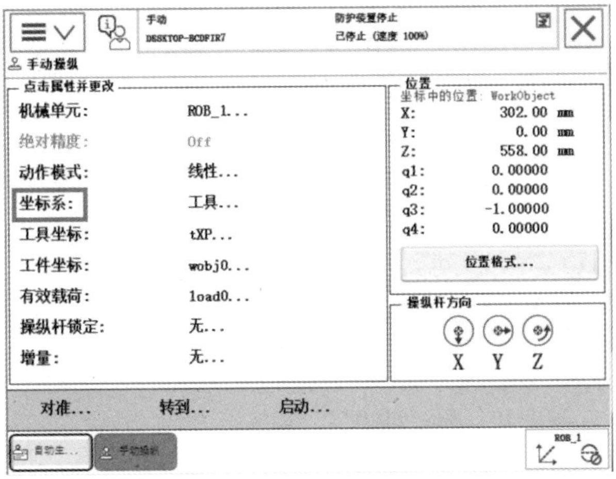 手动　DESKTOP-BCDFIR7　防护装置停止　已停止（速度 100%） 手动操纵 点击属性并更改 机械单元：ROB_1... 绝对精度：Off 动作模式：线性... 坐标系：工具... 工具坐标：tXP... 工件坐标：wobj0... 有效载荷：load0... 操纵杆锁定：无... 增量：无... 位置　坐标中的位置：WorkObject X: 302.00 mm Y: 0.00 mm Z: 558.00 mm q1: 0.00000 q2: 0.00000 q3: -1.00000 q4: 0.00000 位置格式... 操纵杆方向　X Y Z 对准...　转到...　启动... ROB_1	单击“坐标系”
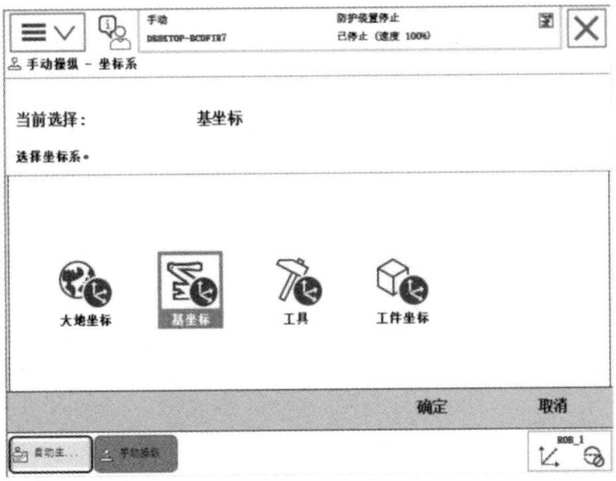 手动　DESKTOP-BCDFIR7　防护装置停止　已停止（速度 100%） 手动操纵 - 坐标系 当前选择：基坐标 选择坐标系。 大地坐标　基坐标　工具　工件坐标 确定　取消 ROB_1	选中“基坐标系”

续表 4-9

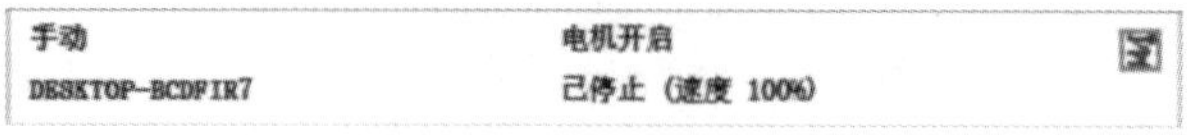 手动 DESKTOP-BCDFIR7 电机开启 已停止（速度 100%）	用左手按下使能按钮，进入“电动机开启”状态，在状态栏中，确认“电动机开启”状态
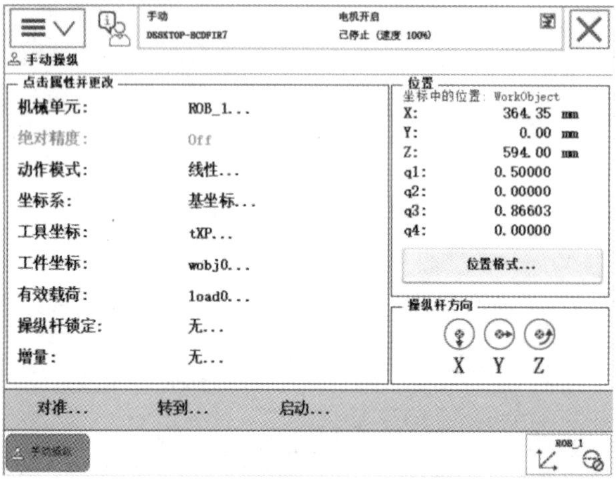 手动 DESKTOP-BCDFIR7 电机开启 已停止（速度 100%） 手动操纵 点击属性并更改 机械单元：ROB_1... 绝对精度：Off 动作模式：线性... 坐标系：基坐标... 工具坐标：tXP... 工件坐标：wobj0... 有效载荷：load0... 操纵杆锁定：无... 增量：无... 位置 坐标中的位置：WorkObject X: 364.35 mm Y: 0.00 mm Z: 594.00 mm q1: 0.50000 q2: 0.00000 q3: 0.86603 q4: 0.00000 位置格式... 操纵杆方向 X Y Z 对准... 转到... 启动...	此处显示轴 X、Y、Z 的操纵杆方向，箭头代表正方向

4.2.3 机器人的手动重定位运动

表 4-10 所示为重定位运动操作流程。

表 4-10 重定位运动操作流程

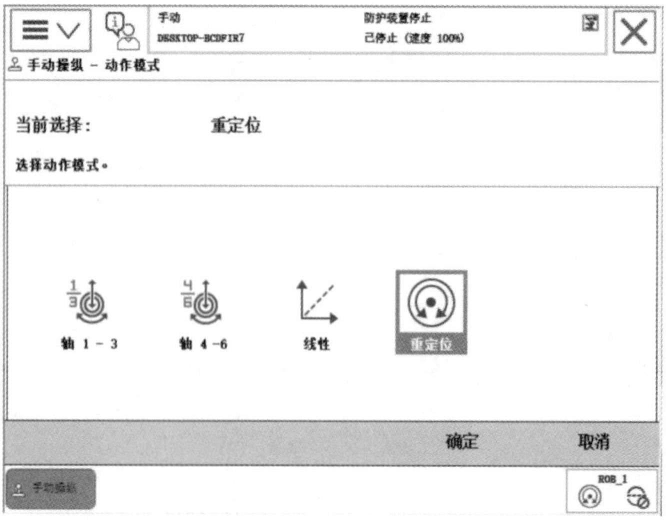 手动 DESKTOP-BCDFIR7 防护装置停止 已停止（速度 100%） 手动操纵 - 动作模式 当前选择：重定位 选择动作模式。 轴 1 - 3　轴 4 -6　线性　重定位 确定　取消	“手动操纵”-“动作模式”界面中，选中“重定位”，然后单击“确定”

续表 4-10

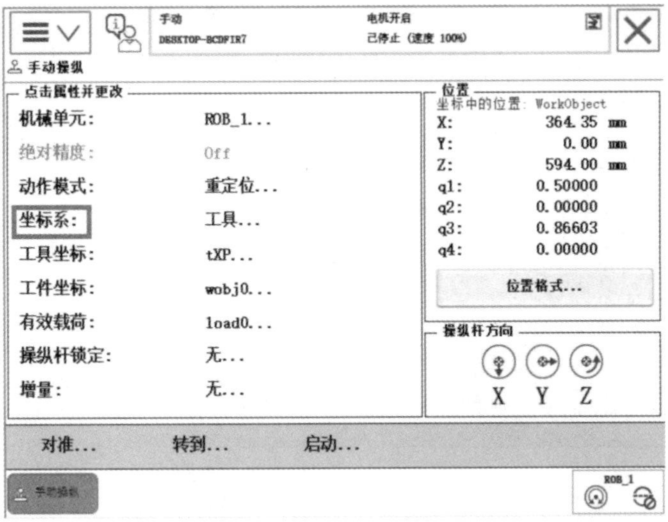

<table>
<tr><td>

手动 DESKTOP-BCDFIR7　电机开启 已停止（速度 100%）

手动操纵

点击属性并更改

机械单元：　ROB_1...
绝对精度：　Off
动作模式：　重定位...
坐标系：　工具...
工具坐标：　tXP...
工件坐标：　wobj0...
有效载荷：　load0...
操纵杆锁定：　无...
增量：　无...

位置
坐标中的位置：WorkObject
X：　364.35 mm
Y：　0.00 mm
Z：　594.00 mm
q1：　0.50000
q2：　0.00000
q3：　0.86603
q4：　0.00000
位置格式...

操纵杆方向
X　Y　Z

对准...　转到...　启动...

ROB_1

</td><td>单击“坐标系”</td></tr>
<tr><td>

手动 DESKTOP-BCDFIR7　防护装置停止 已停止（速度 100%）

手动操纵 - 坐标系

当前选择：　工具

选择坐标系。

大地坐标　基坐标　工具　工件坐标

确定　取消

ROB_1

</td><td>选中“工具”，然后单击“确定”</td></tr>
</table>

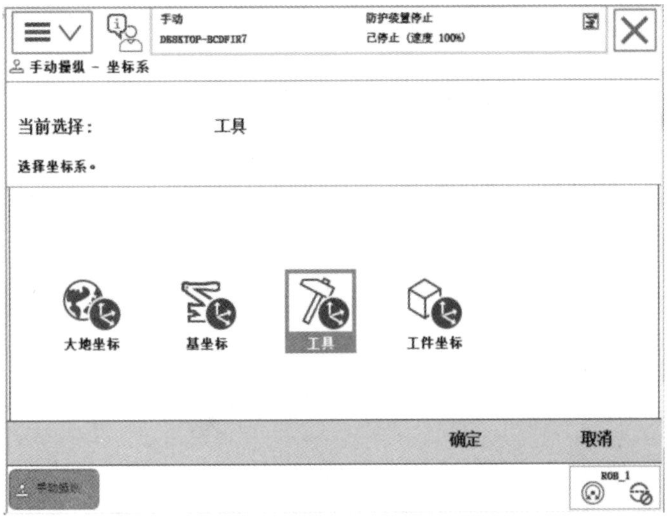

续表 4-10

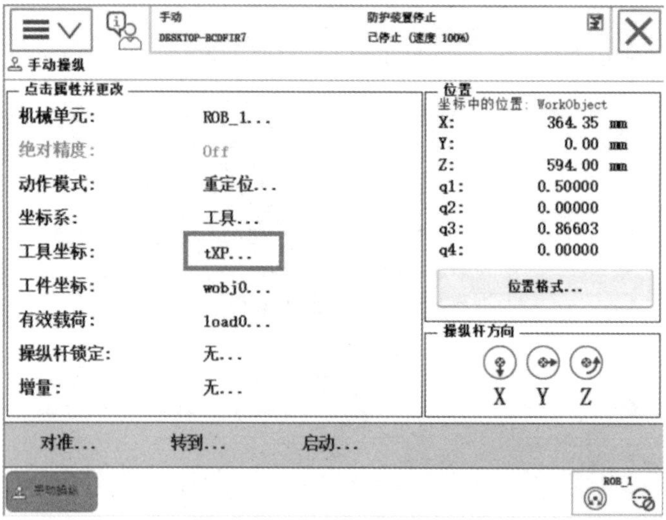 手动 DESKTOP-BCDFIR7 防护装置停止 已停止（速度 100%） 手动操纵 点击属性并更改 机械单元: ROB_1... 绝对精度: Off 动作模式: 重定位... 坐标系: 工具... 工具坐标: tXP... 工件坐标: wobj0... 有效载荷: load0... 操纵杆锁定: 无... 增量: 无... 位置 坐标中的位置: WorkObject X: 364.35 mm Y: 0.00 mm Z: 594.00 mm q1: 0.50000 q2: 0.00000 q3: 0.86603 q4: 0.00000 位置格式... 操纵杆方向 X Y Z 对准... 转到... 启动... ROB_1	单击“工具坐标”
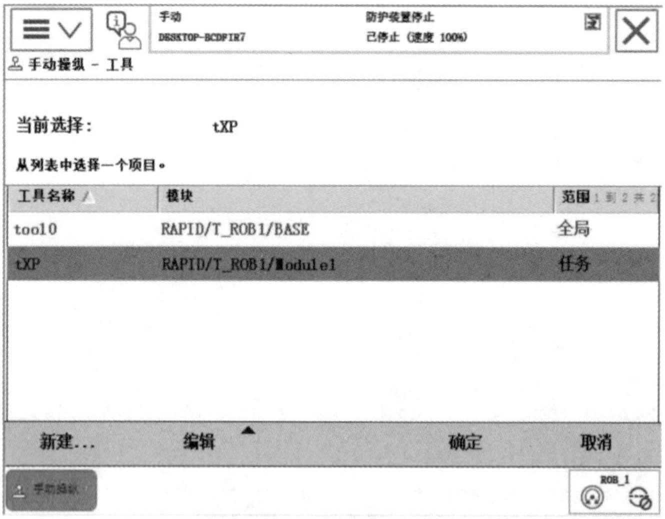 手动 DESKTOP-BCDFIR7 防护装置停止 已停止（速度 100%） 手动操纵 - 工具 当前选择: tXP 从列表中选择一个项目。 工具名称 模块 范围 tool0 RAPID/T_ROB1/BASE 全局 tXP RAPID/T_ROB1/Module1 任务 新建... 编辑 确定 取消 ROB_1	选中正在使用的工具，然后单击“确定”
 手动 DESKTOP-BCDFIR7 电机开启 已停止（速度 100%）	用左手按下使能按钮，进入“电动机开启”状态，在状态栏中，确认“电动机开启”状态

续表 4-10

<table>
<tr><td>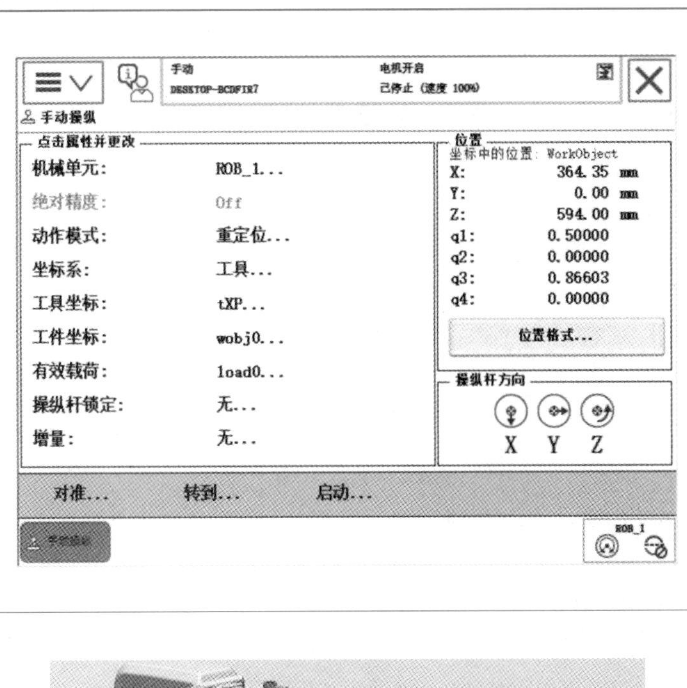
</td><td>此处显示 X、Y、Z 的操纵杆方向，箭头代表正方向</td></tr>
<tr><td>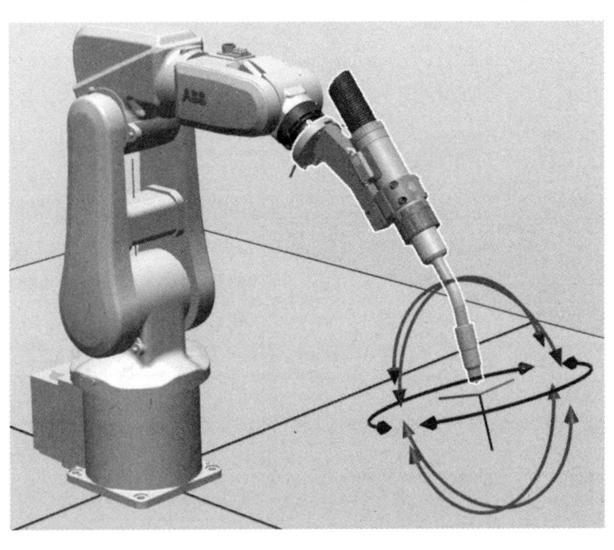</td><td>操纵示教器上的操纵杆，机器人绕着工具 TCP 点作姿态调整的运动</td></tr>
</table>

4.2.4　机器人增量模式的使用

1. 增量模式控制机器人运动

如果对使用操纵杆通过位移幅度来控制机器人运动的速度不熟练的话，那么可以使用“增量”模式来控制机器人的运动。

在增量模式下，操纵杆每位移一次，机器人就移动一步。如果操纵杆持续一秒或数秒钟，机器人就会持续移动(速率为 10 步/s)。

增量模式的设置有两种方式，第一种方式是通过手动操纵界面进行设置（表 4-11）。

表 4-11　手动操纵界面进行增量模式的设置方法

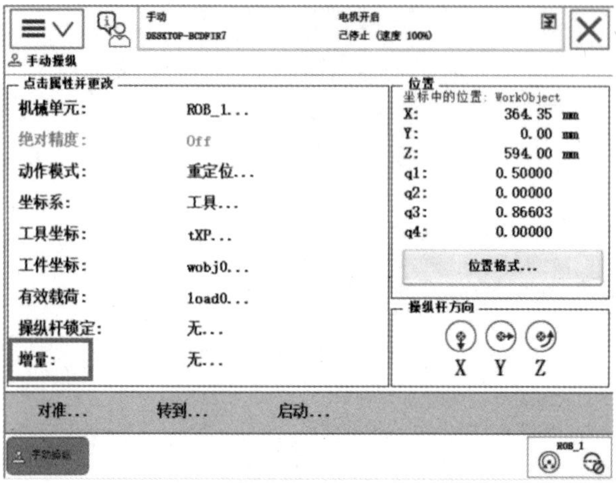 手动 DESKTOP-BCDFIR7 电机开启 已停止（速度 100%） 手动操纵 点击属性并更改 机械单元: ROB_1... 绝对精度: Off 动作模式: 重定位... 坐标系: 工具... 工具坐标: tXP... 工件坐标: wobj0... 有效载荷: load0... 操纵杆锁定: 无... 增量: 无... 位置 坐标中的位置: WorkObject X: 364.35 mm Y: 0.00 mm Z: 594.00 mm q1: 0.50000 q2: 0.00000 q3: 0.86603 q4: 0.00000 位置格式... 操纵杆方向 X Y Z 对准... 转到... 启动... 手动操纵 ROB_1	“手动操纵”界面中，选中“增量”。
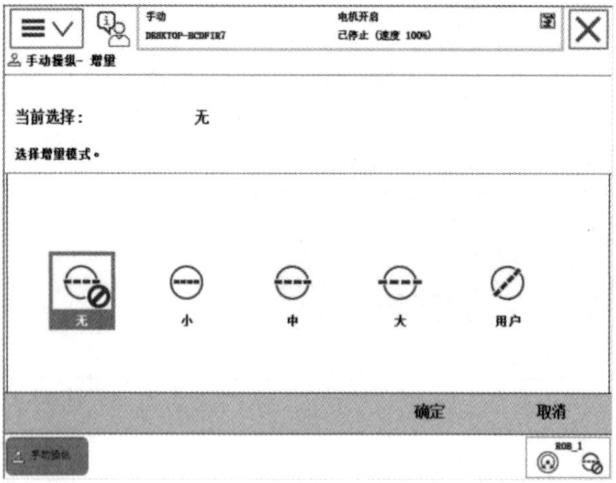 手动 DESKTOP-BCDFIR7 电机开启 已停止（速度 100%） 手动操纵 - 增量 当前选择: 无 选择增量模式。 无 小 中 大 用户 确定 取消 手动操纵 ROB_1	根据需要选择增量的移动距离，然后单击“确定”。

增量	移动距离 Mm	角度°
小	0.05	0.005
中	1	0.02
大	5	0.2
用户	自定义	自定义

第二种方式是通过机器人右下角的快捷设置按钮进行设置。

通过快捷设置按钮进行增量设置（图 4-24、表 4-12）。

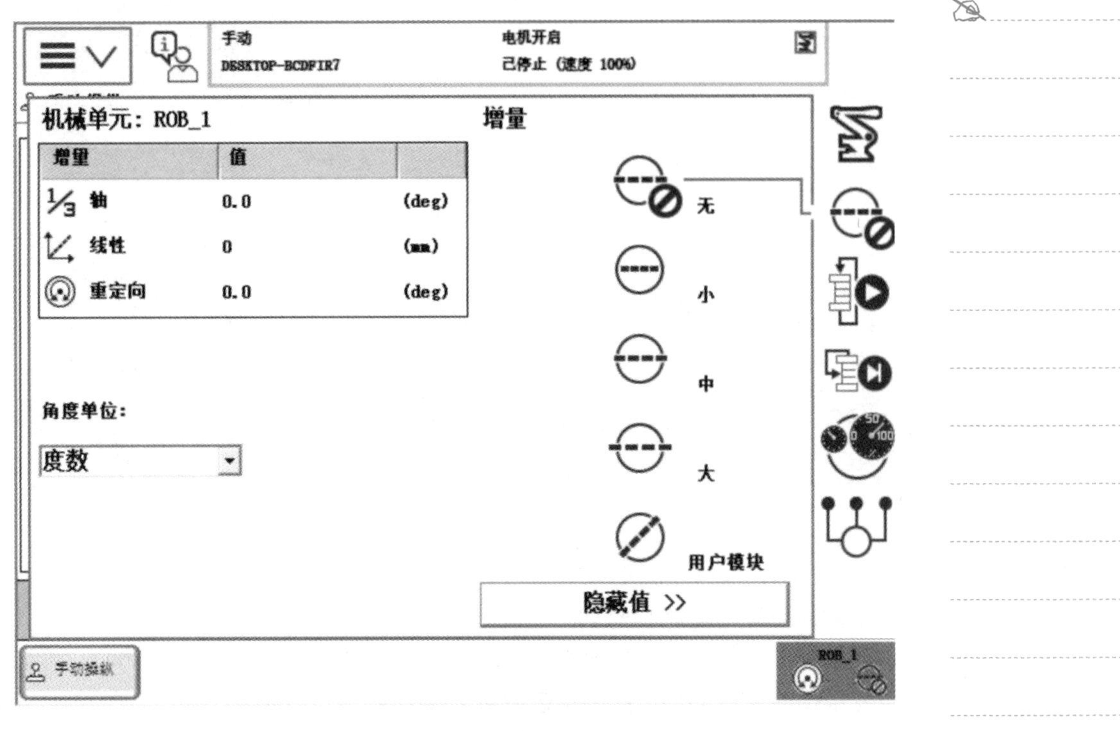

图 4-24　快捷设置

表 4-12　设置的标号与功能

标号	功能
无	增量模式关
小(small)	小移动(轴：0.00537°，线性：0.05 mm，重定位：0.02865°)
中(medium)	中等移动(轴：0.02292°，线性：1 mm，重定位：0.22918°)
大(Large)	大移动(轴：0.14324°，线性：5 mm，重定位：0.51566°)
用户(User)	用户定义的移动(用户可以定义每次移动值的大小)
显示值(Show Values)	显示增量值

4.2.5　配置示教器的可编程按键

机器人可编程控制按钮的设置

ABB 机器人示教器上有 4 个可编程快捷键，在调试的过程中，通过配置这 4 个快捷键，可以模拟外围的信号输入或者对信号进行强制输出，可以大大提高调试的效率。可编程按键位于示教器上的右上方，共计 4 个，如图 4-25 所示。

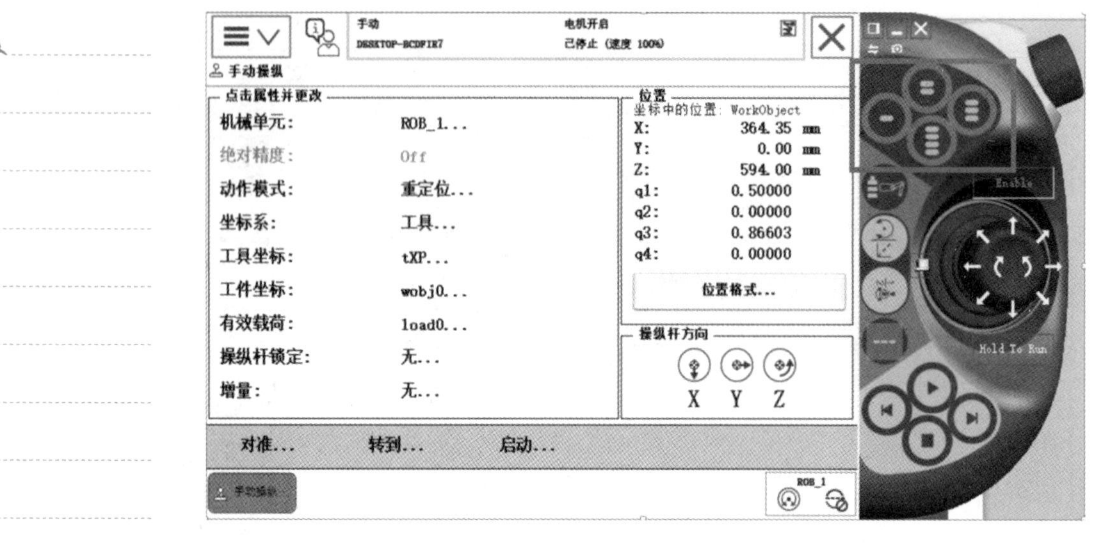

图 4-25 可编程按钮

可编程按键的配置步骤如下：

点击“ABB”菜单-控制面板(Control Panel)-ProKeys(可编程按键)，可以看到4个按键的配置界面，可编程按键可以配置成输入(Input)、输出(Output)或者系统(System)(图 4-26)。当配置成“输入”时，示教器会在右边的框中列出所有可选择的数字量输入点(图 4-27)。

图 4-26 可编程按钮设置

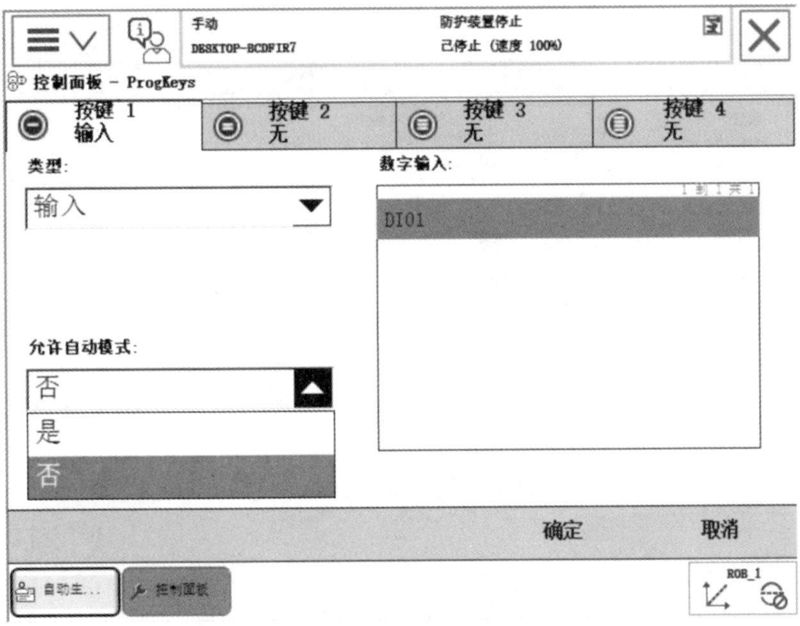

图 4-27　输入功能

当配置为“输入”功能时：假设我们选择“di1”并确认，那么当 Key1 按下后，“di1”会有信号 1。

当我们把按键配置为“输出”时，右边的列表框中会列出所有的已经配置好的数字量输出信号；

在【按键按下】的列表框中，可以选择按下该按键时的动作（图 4-28），可选项包括：

切换（Toggle）；

置为 1（Set to 1）；

置为 0（Set to 0）；

按下/松开（Press/Release）；

脉冲（Pulse）；

当配置为【输出】功能时，各菜单项的含义如下：

切换（Toggle）：按下按键后 DO 的值在 0 和 1 之间切换；

置为 1（Set to 1）：按下按键后 DO 的值被置 1，相当于置位；

置为 0（Set to 0）：按下按后 DO 的值被置 0，相当于复位；

按下/松开（Press/Release）：按下按键后 DO 的值被置 1，松开后 DO 的值被置 0；

脉冲（Pulse）：按下按键的上升沿 DO 的值被置 1。

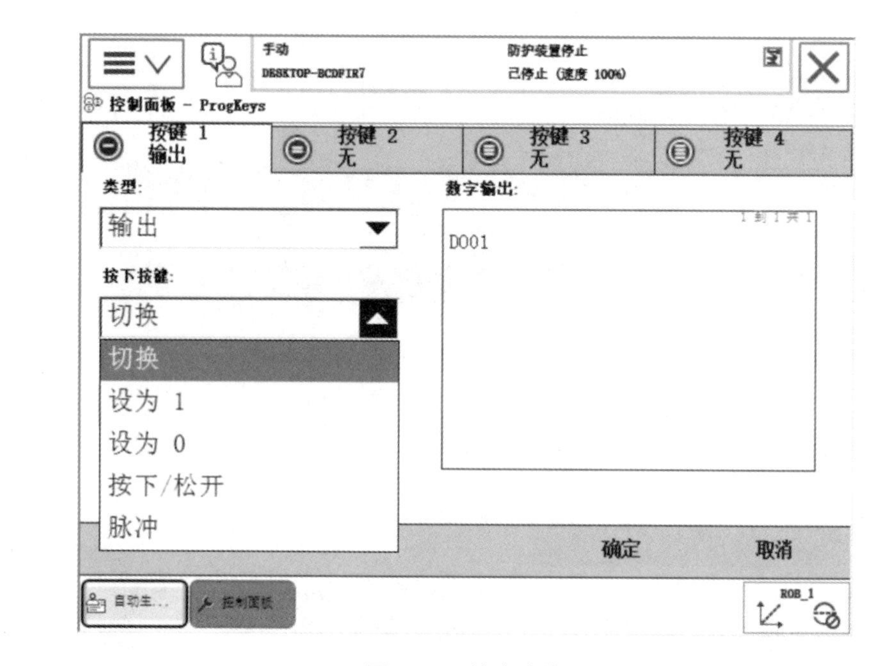

图 4-28 输出功能

任务实施

1. 机器人的手动关节运动

①启动机器人。
②通过机器人的手动操作界面，依次移动机器人的 6 个关节轴。
③通过关节轴的运动，确定好机器人各关节轴的正方向。
④将机器人各关节轴的正方向在图 4-29 中标出。

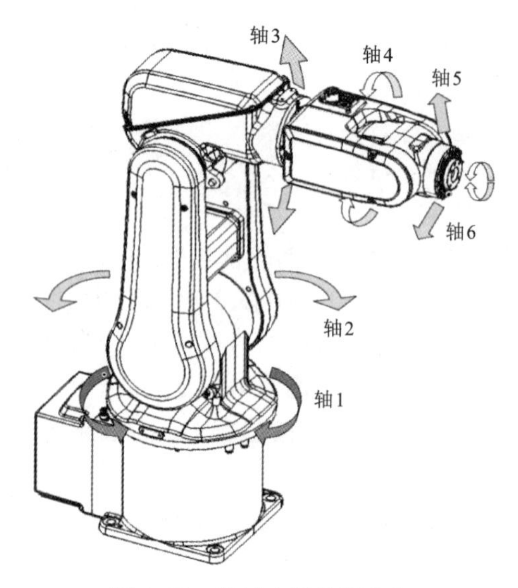

图 4-29 机器人的关节方向

2. 机器人的手动线性运动

①启动机器人。

②通过机器人的手动操纵界面，分别将机器人的坐标系设置为基坐标系、大地坐标系，依次沿坐标系的 X、Y、Z 轴运动机器人的关节轴。

③通过线性运动，确定好机器人坐标系 X、Y、Z 轴的正方向。

④将机器人基坐标系位置在图 4-28 中绘制出来，并将坐标系的 X、Y、Z 的正方向在图 4-28 中标出。

3. 配置示教器的可编程按钮

①正确自动机器人。

②将机器人的 1 号可编程按钮设置为 DO09(夹爪打开功能)。

③将机器人的 2 号可编程按钮设置为 DO05(吸盘吸气功能)。

4. 实现机器人抓取吸盘工具功能

①将机器人回到 Home 点位置(原位)。在手动操作界面通过手动关节运动的方式，将机器人的各个关节轴进行调整，达到原点位置，原点位置如图 4-30 所示。

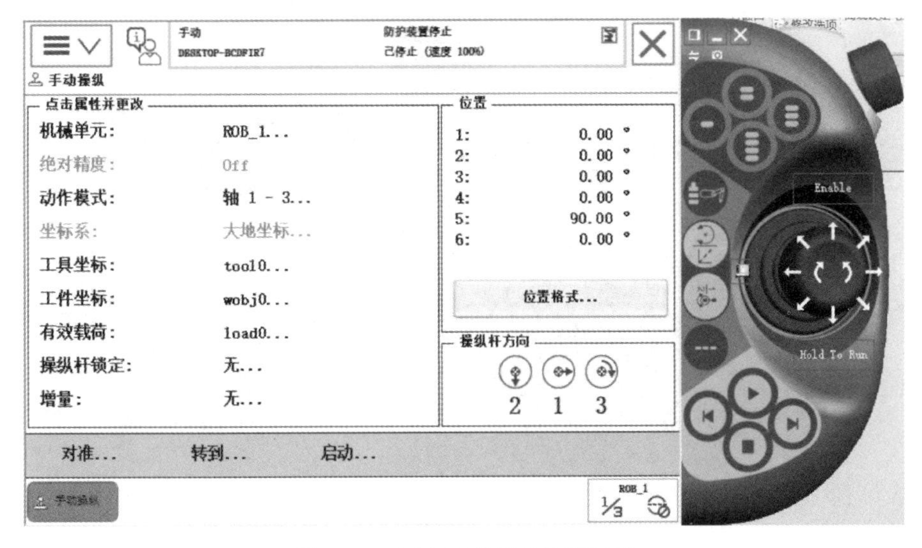

图 4-30 调整完成后各关节角度

②设置坐标系。将机器人的坐标系进行设置，坐标系选择为基坐标系，动作模式设为线性运动(图 4-31)。

③线性运动至夹取吸盘位置(图 4-32)。

④夹爪测试：通过可编程按钮，测试夹爪的开关情况。同时，根据夹爪的开关情况，手动调整机器人的位置，直至机器人夹取吸盘工具的过程中没有很大振动。

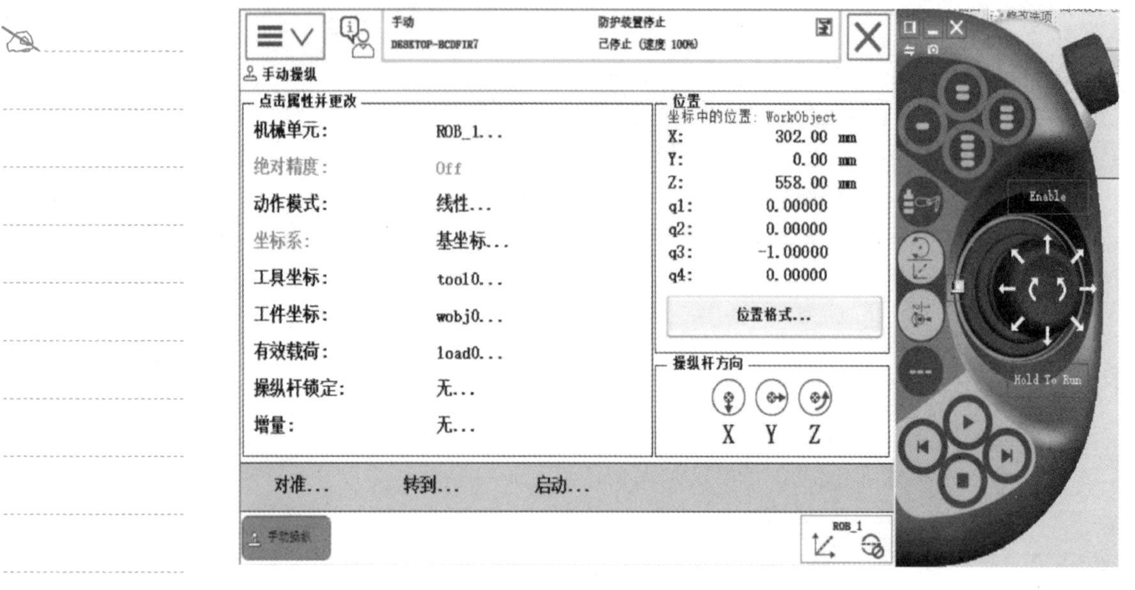

图 4-31 线性运动

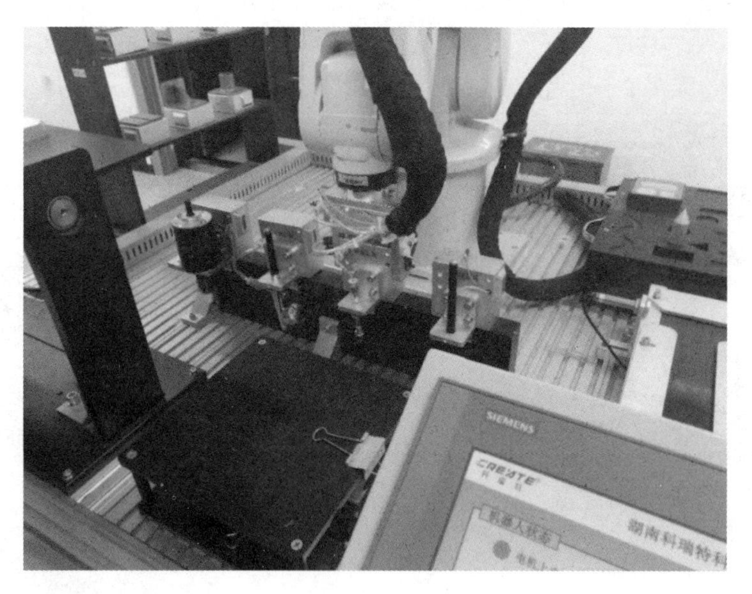

图 4-32 夹取吸盘位置

拓展任务

参考上面的实施过程，完成机器人手动将料仓 3-3 仓位的物料搬运至 3-2 仓位操作。

料仓示意图如图 4-33 所示。

图 4-33　仓位示意图

习　题

1.［单选题］示教时，机器人的运动速度应低于(　　)，具体的速度选择应考虑万一发生危险，示教人员有足够的时间脱离危险或停止机器人的运动。

A. 50 mm/s　　B. 250 mm/s　　C. 1250 mm/s　　D. 150 mm/s

2.［判断题］为了防止示教者之外的其他人员误操作各按钮，示教人员应挂出警示牌以防止误启动。(　　)

3.［判断题］示教期间允许示教编程人员在防护空间内，其他人员也允许在防护空间内监督。(　　)

4.［判断题］示教时，操作者要确保自己有足够的空间后退，可以依靠示教。(　　)

5.［判断题］为了防止手部划伤，可以戴手套操作示教盒。(　　)

6.［判断题］示教期间，如果防护空间内部有多台机器人，应保证示教其中一台时，另外的机器人均处于切断使能的状态。(　　)

7.［多选题］对机器人进行编程时就是在工件坐标中创建目标和路径，这带来很多优点：(　　)

A. 重新定位工作站中的工件时，只需要更改工件坐标的位置，所有路径将即刻更新。

B. 允许操作以外轴或传送导轨移动的工件，因为整个工件可连同其路径一起移动。

C. 以机器人安装基座为基准、用来描述机器人本体运动的直角坐标系。

8.［填空题］__________是以机器人安装基座为基准、用来描述机器人本体运动的直角坐标系。

9. [填空题]__________用于描述安装在机器人第六轴上的工具的 TCP、质量、重心等参数数据。

10. [判断题]机器人可以拥有若干工件坐标系，或者表示不同工件，或者表示同一工件在不同位置的若干副本。(　　)

11. [单选题]示教器的作用不包括(　　)

A. 点动机器人　　B. 离线编程

C. 试运行程序　　D. 查阅机器人状态

12. [单选题]示教器上安全开关紧握为 ON，松开为 OFF 状态。作为进而追加的功能，当握紧力过大时，为(　　)。

A. 不变　　B. On　　C. Off　　D. 急停报错

13. [单选题]工件坐标可以重新设定坐标系的(　　)方向

A. X、Y、Z　　B. X 和 Y　　C. X 和 Z　　D. Y 和 Z

14. [单选题]建立工件坐标时需要在同一个平面上找出几个点(　　)?

A. 2　　B. 3　　C. 4　　D. 5

15. [单选题]建立工件坐标的方法。(　　)

A. 2 点法　　B. 3 点法　　C. 4 点法　　D. 5 点法

16. [判断题]工件坐标设定改变了 TCP 的 Z 和 X 方向。(　　)

17. [判断题]工件坐标设定过程中第一个点确定的为坐标原点。(　　)

项目五

工业机器人的编程

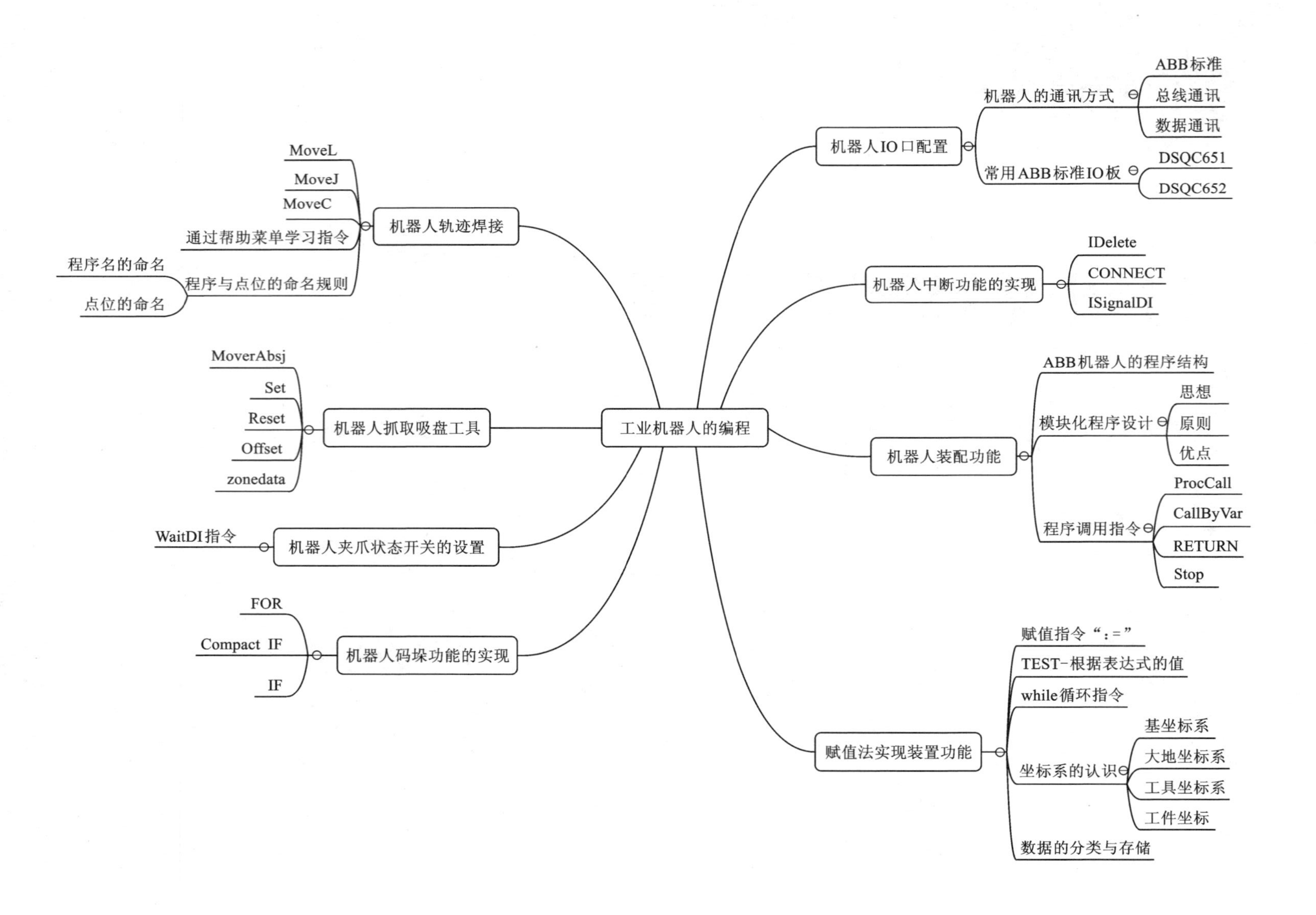

工业机器人的编程
机器人IO口配置
机器人的通讯方式
ABB标准
总线通讯
数据通讯
常用ABB标准IO板
DSQC651
DSQC652
机器人中断功能的实现
IDelete
CONNECT
ISignalDI
机器人装配功能
ABB机器人的程序结构
模块化程序设计
思想
原则
优点
程序调用指令
ProcCall
CallByVar
RETURN
Stop
赋值法实现装置功能
赋值指令“:=”
TEST-根据表达式的值
while循环指令
坐标系的认识
基坐标系
大地坐标系
工具坐标系
工件坐标
数据的分类与存储
机器人轨迹焊接
MoveL
MoveJ
MoveC
通过帮助菜单学习指令
程序与点位的命名规则
程序名的命名
点位的命名
机器人抓取吸盘工具
MoverAbsj
Set
Reset
Offset
zonedata
机器人夹爪状态开关的设置
WaitDI指令
机器人码垛功能的实现
FOR
Compact IF
IF

任务1　机器人轨迹焊接

知识目标

1. 了解 MoveL 指令、MoveJ 指令、MoveC 指令的功能。
2. 了解上述指令的编写方法。
3. 了解转弯半径(Zonedata)的使用。

能力目标

能够正确使用 MoveL 指令、MoveJ 指令、MoveC 指令实现一定功能。

任务描述

现有一台串联型工业机器人，需要完成机器人轨迹焊接功能(焊接轨迹如图 5-1 所示)，请通过以下流程实现上述功能：

1. 分析功能流程；
2. 根据功能要求绘制流程图；
3. 通过流程图编写功能程序；
4. 示教必要的点位；
5. 调试程序实现功能。

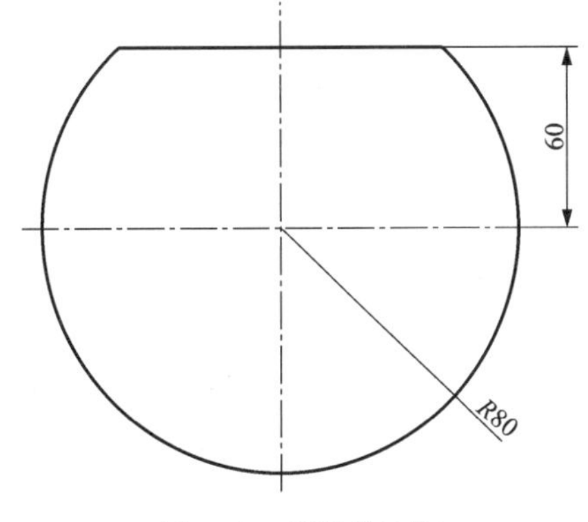

图 5-1　焊接轨迹图

知识链接

5.1.1　MoveL 指令

线性运动指令，示教位置点的数据类型为 robtarger。将机器人的 TCP 点沿直线运动运动到目标点，适用于对路径轨迹要求高的小范围运动场合(图 5-2)。

运动路径为当前点与目标点两点决定一条直线，运动路径唯一，常用于机器人在工作状态移动，表 5-1 所示为参数含义。

工业机器人的运动指令(二)

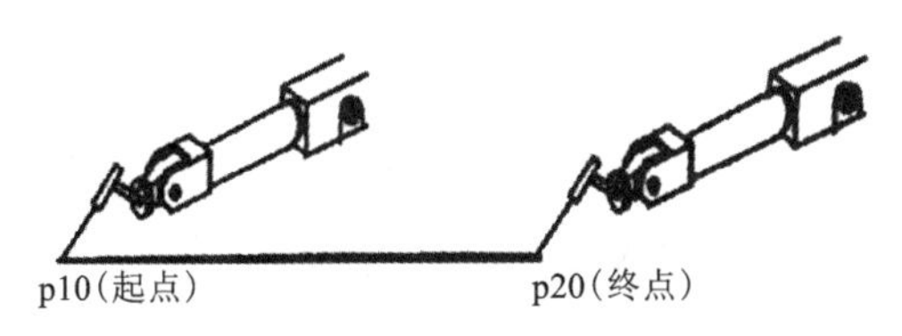

图 5-2　机器人线性运动

例：MOVEL P10，V1000，Z50，tool1 \Wobj：=wobj1；
　　MOVEL P20，V1000，fine，tool1 \Wobj：=wobj1；

表 5-1　参数含义

参数	含义
p10	目标点位置数据 定义当前机器人 TCP 在工件坐标系中的位置，通过单击“修改位置”进行修改
v1000	运动速度数据，1000 mm/s 定义速度(mm/s)
z50	转角区域数据 定义转弯区的大小(mm)
tool1	工具数据 定义当前指令使用的工具坐标
wobj1	工件坐标数据 定义当前指令使用的工件坐标

转弯半径 zonedata：

Z50：转弯区数据，代表离目标点 50 mm 处开始转弯，目的是使运动再加平滑。如果没有转弯而是直接到达某点的要用 fine。

fine 指机器人 TCP 精确地到达目标点，在目标点速度降为零。机器人动作有所停顿然后再向下运动，如果是一段路径的最后一个点，则要用 fine。转弯区数值越大，机器人的动作路径就越圆滑与流畅。

5.1.2　MoveJ 指令

工业机器人的运动指令（一）

机器人以最快捷的方式运动至目标点，其运动状态不完全可控，但运动路径保持唯一。MoveJ 指令常用于机器人在空间大范围移动，如图 5-3 所示。

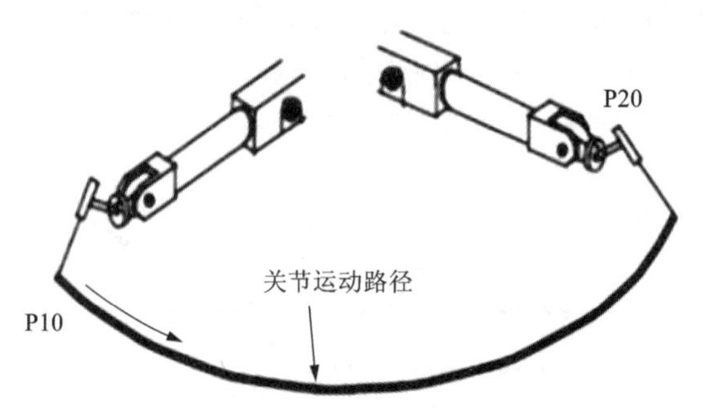

图 5-3　机器人关节运动

例：MOVEJ P20，V1000，fine，tool1\Wobj：=wobj1；

5.1.3　MoveC 指令

机器人通过中间点以圆弧移动方式运动至目标点，当前点、中间点与目标点3点决定一段圆弧，机器人运动状态可控制，运动路径保持唯一。MoveC 指令常用于机器人在工作状态移动。圆弧运动路径如图 5-4 所示，MoveC 指令示例如表 5-2 所示。

例：MOVEC p30，p40，V1000，fine，tool1\Wobj：=wobj1；

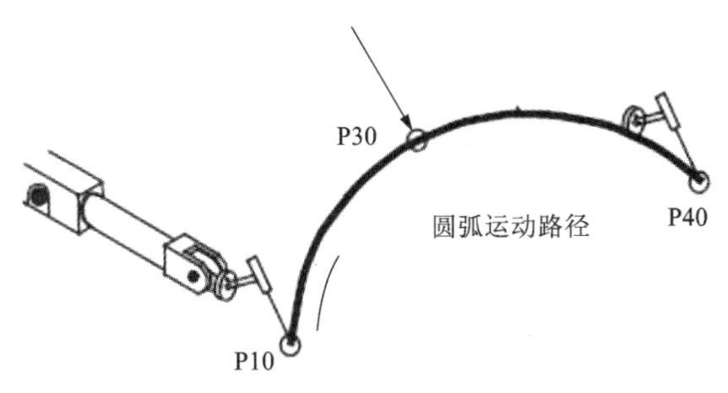

图 5-4　圆弧运动路径

表 5-2　MoveC 指令

参数	含义
p10	圆弧的第一个点
p30	圆弧的第二个点
P40	圆弧的第三个点
wobj1	工件坐标数据 定义当前指令使用的工件坐标

5.1.4　通过 Robotstudio 软件的帮助菜单学习指令

Robotstudio 软件有详细的帮助菜单，对于新的指令或指令的使用方法不清楚时，可以使用帮助菜单来学习指令的使用方法。下面，通过 MoveAbsJ 指令的查看来学习指令的使用方法（表 5-3）。

表 5-3　帮助菜单学习方法

	① 安装并打开 ABB 机器人仿真软件 RobotStudio

续表 5-3

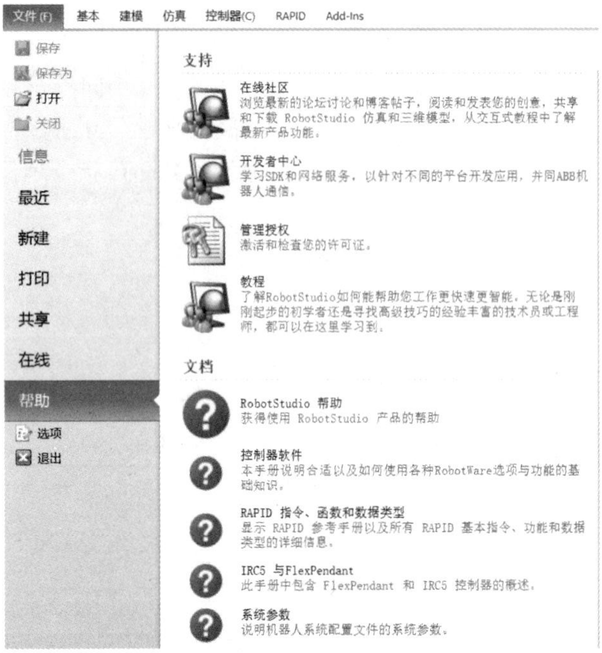

文件(F) 基本 建模 仿真 控制器(C) RAPID Add-Ins 保存 保存为 打开 关闭 信息 最近 新建 打印 共享 在线 帮助 选项 退出 支持 在线社区 浏览最新的论坛讨论和博客帖子，阅读和发表您的创意，共享和下载 RobotStudio 仿真和三维模型，从交互式教程中了解最新产品功能。 开发者中心 学习SDK和网络服务，以针对不同的平台开发应用，并同ABB机器人通信。 管理授权 激活和检查您的许可证。 教程 了解RobotStudio如何能帮助您工作更快速更智能，无论是刚刚起步的初学者还是寻找高级技巧的经验丰富的技术员或工程师，都可以在这里学习到。 文档 RobotStudio 帮助 获得使用 RobotStudio 产品的帮助 控制器软件 本手册说明合适以及如何使用各种RobotWare选项与功能的基础知识。 RAPID 指令、函数和数据类型 显示 RAPID 参考手册以及所有 RAPID 基本指令、功能和数据类型的详细信息。 IRC5 与FlexPendant 此手册中包含 FlexPendant 和 IRC5 控制器的概述。 系统参数 说明机器人系统配置文件的系统参数。	②找到文件菜单栏下的“帮助”选项 ③如果需要了解指令的使用，点击右侧文档标签中的“RAPID 指令、函数和数据类型”选项卡
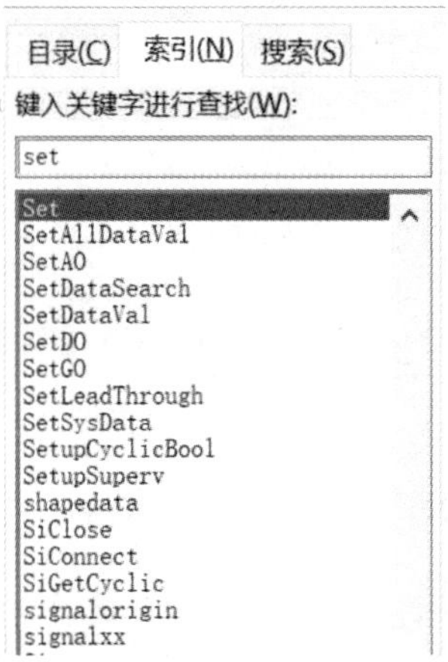 目录(C) 索引(N) 搜索(S) 键入关键字进行查找(W): set Set SetAllDataVal SetAO SetDataSearch SetDataVal SetDO SetGO SetLeadThrough SetSysData SetupCyclicBool SetupSuperv shapedata SiClose SiConnect SiGetCyclic signalorigin signalxx	④可以在弹出的帮助菜单中，通过搜索需要了解的指令名称定位到需要的指令 ⑤左图是搜索“set”指令，帮助菜单弹出的界面
Set - 设置数字信号输出信号 *RobotWare - OS* **手册用法** Set用于将数字信号输出信号的值设置为一。 **基本示例** 以下实例介绍了指令Set： **例 1** Set do15; 将信号do15设置为1。 **例 2** Set weldon; 将信号weldon设置为1。 **变元** Set Signal **Signal** 数据类型：signaldo 有待设置为一的信号的名称。 **程序执行** 在信号获得其新值之前，存在短暂延迟。如果你想要继续程序执行，直至信号已获得其新值，则可以使用指令SetDO以及可选参数\Sync。	⑥右侧可以看到指令简介 ⑧其中，“手册用法”描述的是指令的功能 ⑨“基本示例”通过几个示例帮助我们编写程序 ⑨“程序执行”为我们描述指令执行时的注意情况

ABB 机器人的常用指令有几十条，还有很多不常用的指令可供选择，现有的教材都不可能涵盖所有的指令。而 ABB 机器人配套的仿真软件 Robotstudio 的帮助菜单非常详细，应该熟练帮助菜单的使用。通过帮助菜单的搜索功能，能够搜索不会使用的指令，也可以通过示例帮助我们在短时间学会使用指令。

5.1.5　程序与点位的命名规则

1. 机器人程序名的命名

机器人程序的命名规则有很多，命名较合适，会使后期的工作减少很多，同时也会大大地增加程序的可读性。

下面我们就以举例的方式来讲解如何对程序进行命名。

程序的命名可以命名为拼音的也可以命名为英文的。这里建议使用英文作为程序的名字，但鉴于英文很容易写错，对英文可能不是很习惯，所以这里也讲解一下如何通过拼音来对程序进行命名。

例如：本任务的程序是实现轨迹功能，所以可以把这个子程序的名字命名为轨迹的首字母 gj 或 GJ（ABB 程序中不区分大小写）。同时，建议所有的程序前面都加一个 R，代表 rapid 程序，这样可以很好地与点位区分，故轨迹子程序可以命名为 RGJ。

2. 机器人点位的命名

同样，机器人点位的命名规则也有很多，也可以使用英文和拼音的命名方式，这里讲解一下如何通过拼音的首字母来命名。

例如我们这个任务需要完成轨迹焊接，那么我们可以将轨迹的名称，通过字母来实现，建议大家在这个轨迹名称的首字母前面，加上一个 P，代表位置信息（point），这样容易与机器人的例行程序名称进行区分。

例如：我们可以将机器人的起始点位命名为 PGJQS。

任务实施

1. 分析功能流程

本任务，要实现的功能为：

①手动安装焊接工具，操作机器人首先回到原点位置，然后通过运动指令到达焊接轨迹的上方。

②按照轨迹图精确绘制轨迹。

③绘制轨迹完成后，回到绘制轨迹起始点上方，再回到原点（图 5-5~图 5-7）。

图 5-5 起始点上方

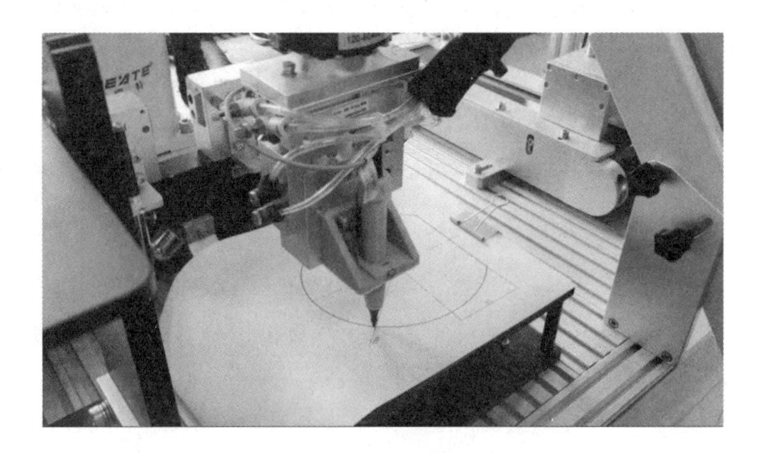

图 5-6 中间点

图 5-7 结束点上方

2. 根据功能要求绘制流程图

图 5-8 所示为程序流程图。

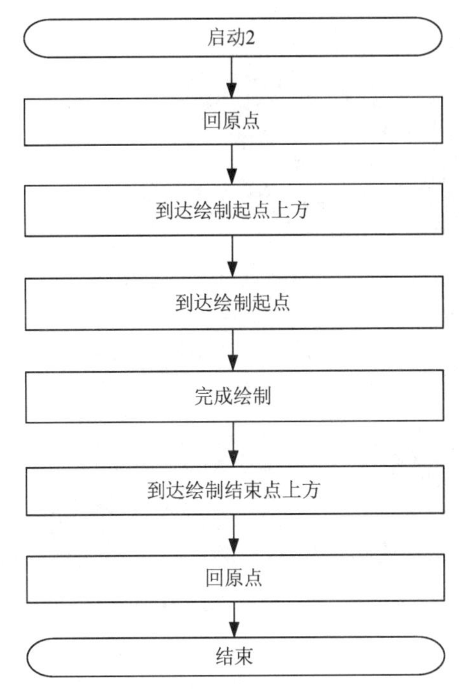

图 5-8　程序流程图

3. 通过流程图编写功能程序

```
PROCRGJ()
    MoveAbsJ pHome \NoEOffs, v1000, z50, tool0;
    MoveJ PGJQSSF, v1000, z50, tool0;
    MoveL PGJQS, v100, fine, tool0;
    MoveC P10, P20, v100, fine, tool0;
    MoveC P30, P40, v100, fine, tool0;
    MoveL PGJQS, v100, fine, tool0;
    MoveL PGJQSSF, v100, z50, tool0;
    MoveAbsJ pHome \NoEOffs, v1000, z50, tool0;
ENDPROC
```

4. 示教必要的点位

本任务需要示教 6 个点位，分别为原点位置 pHome 点、轨迹起始点上方(PGJQSSF)轨迹点 PGJQS、P10、P20、P30、P40。

拓展任务

按照步骤，完成以下轨迹图的轨迹绘制(图 5-9~图 5-15)。

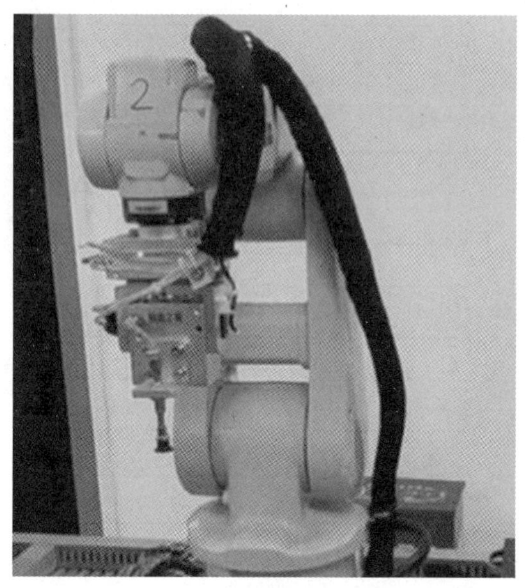

图 5-9 原点位置 pHome 点

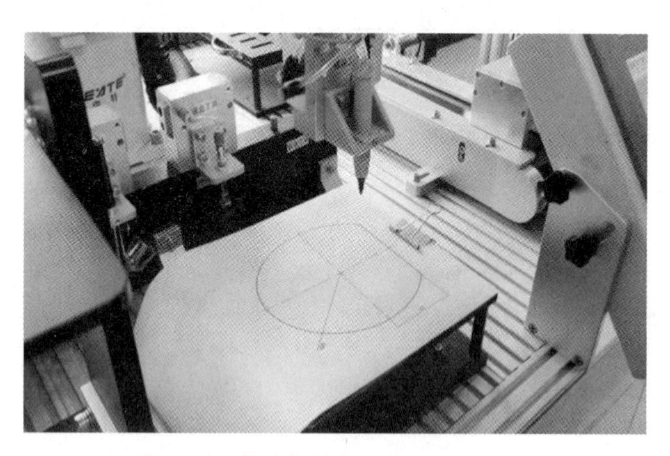

图 5-10 轨迹起始点上方(PGJQSSF)

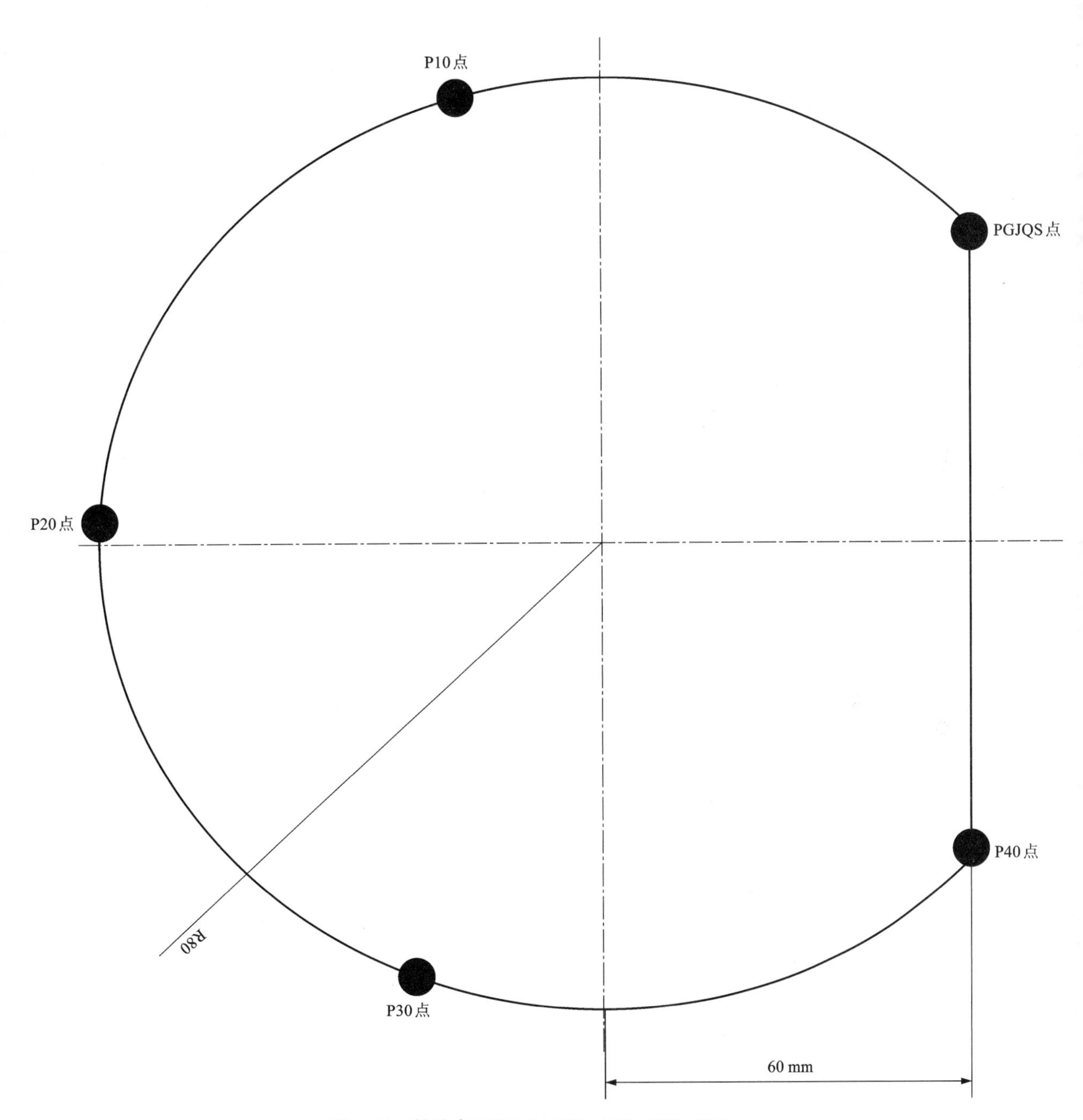

图 5-11　轨迹点 PGJQS、P10、P20、P30、P40

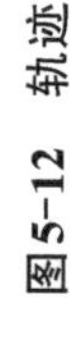
图5-12 轨迹1

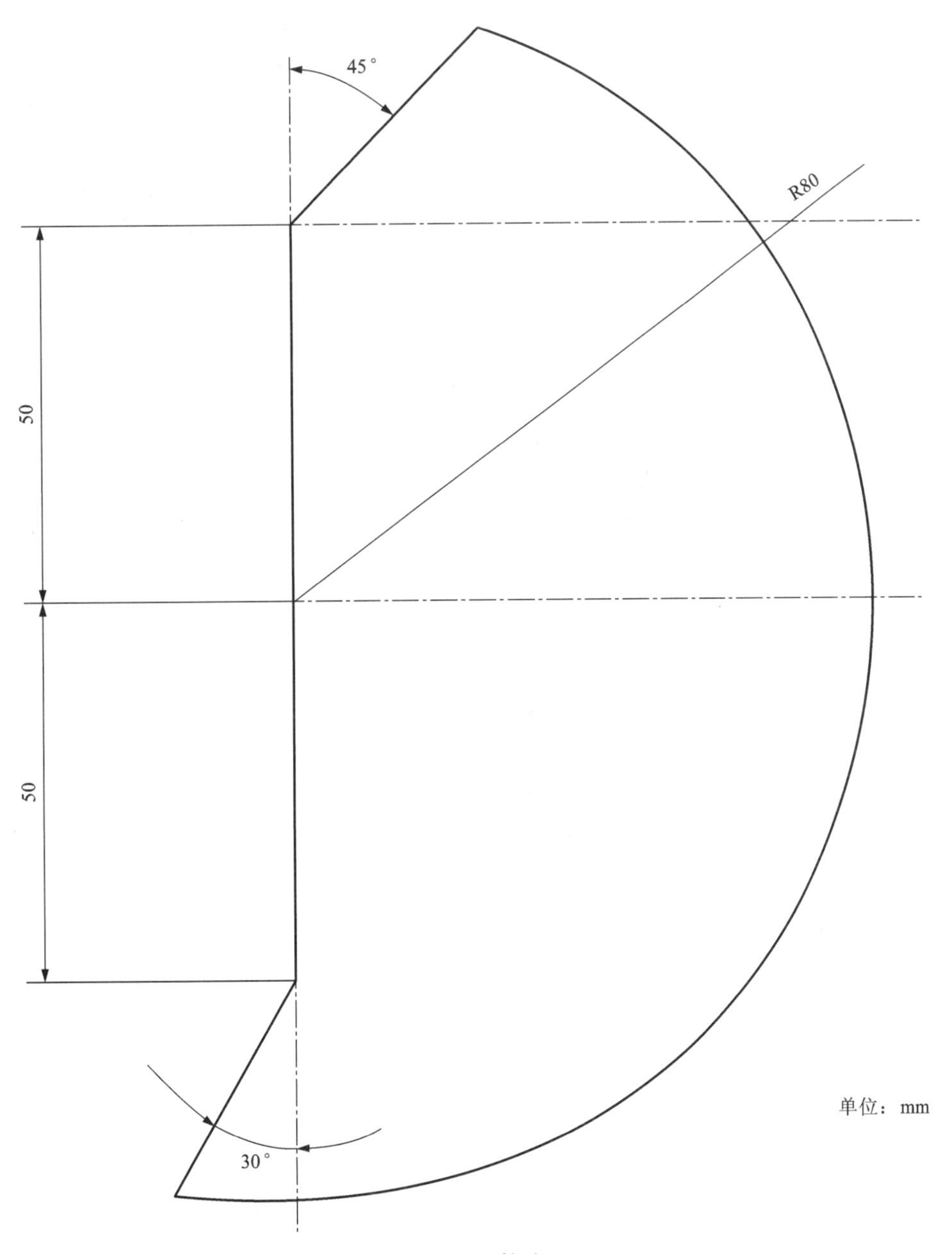

图 5-13　轨迹 2

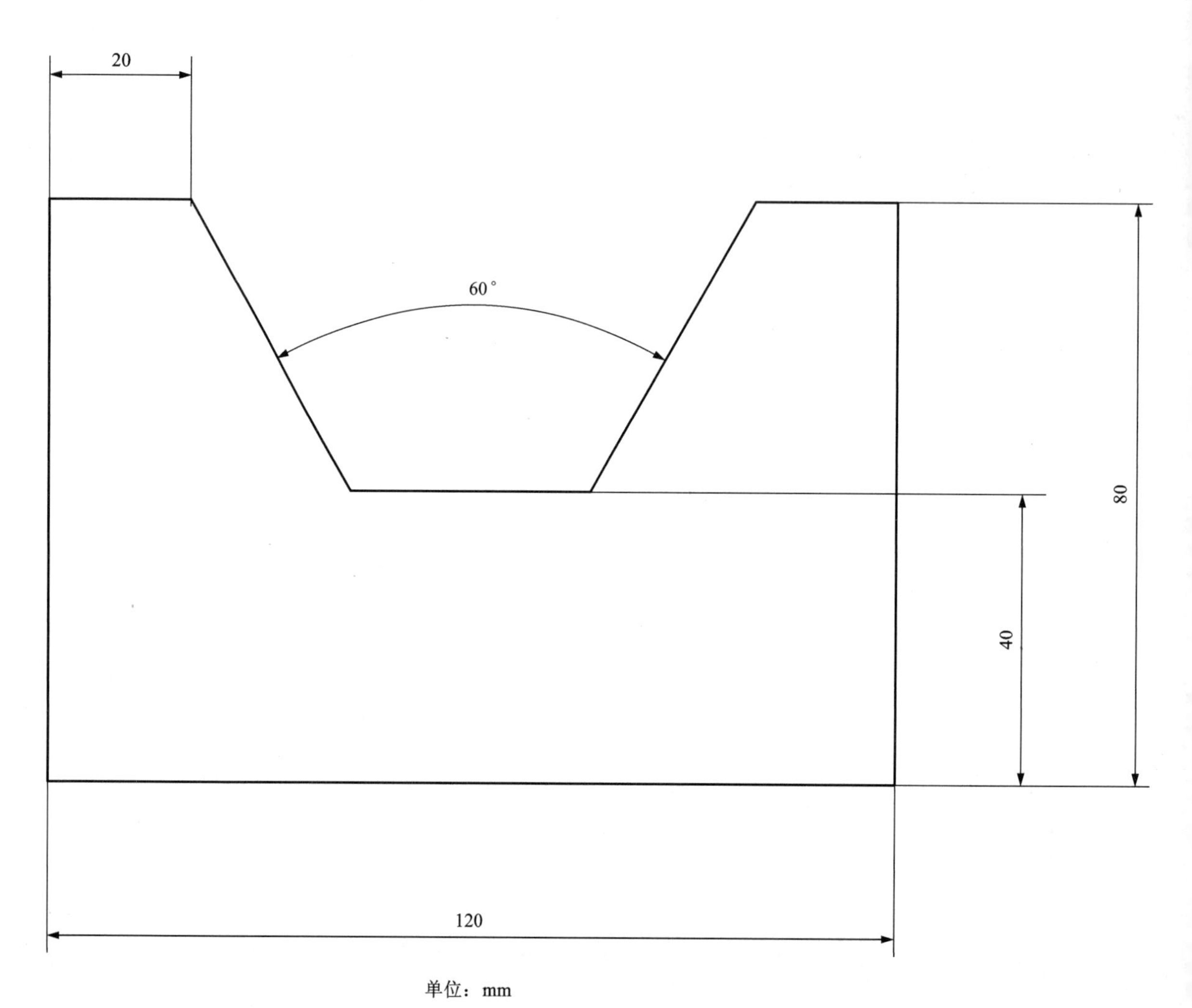

单位：mm

图 5-14　轨迹 3

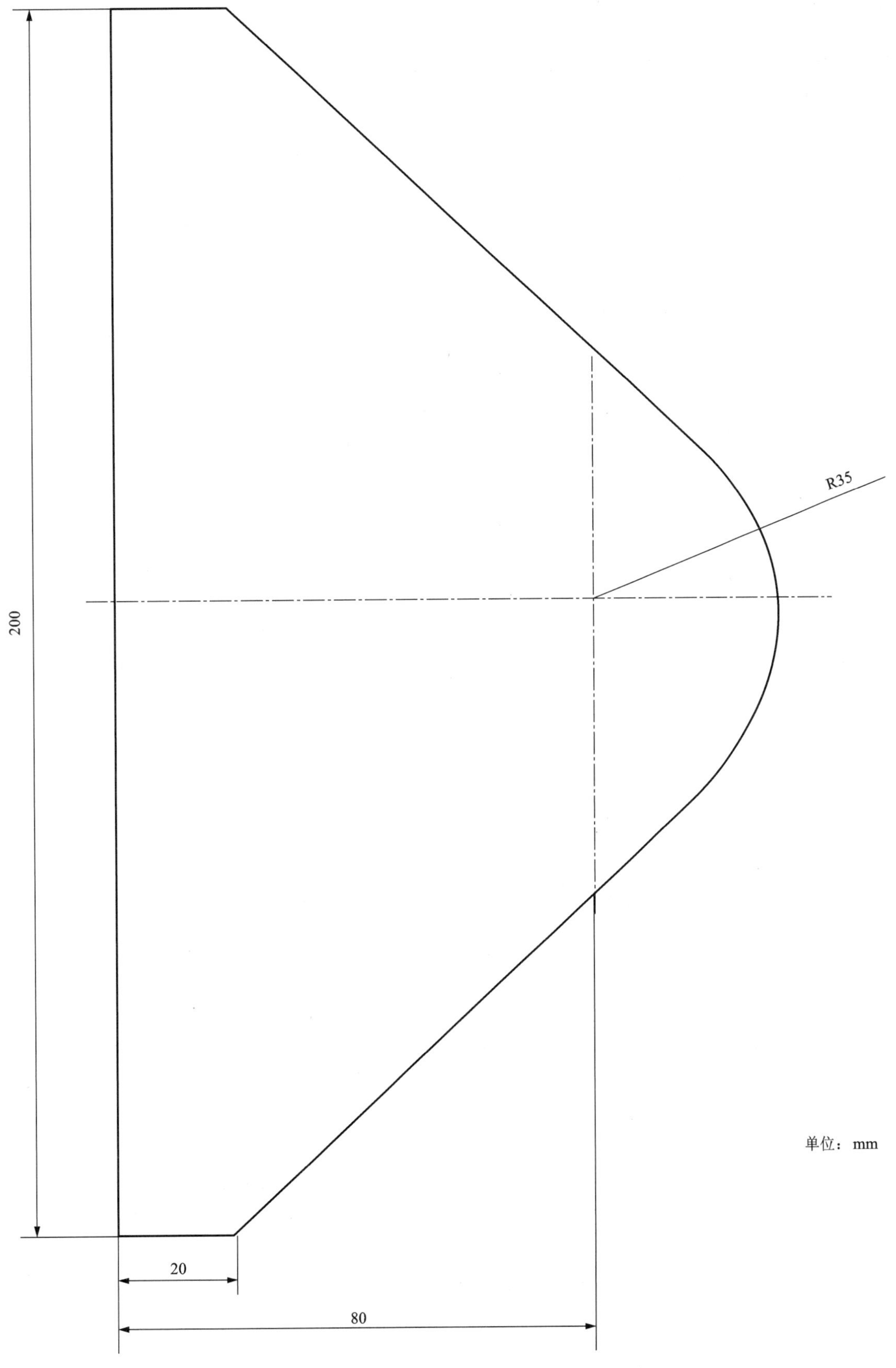

图 5-15　轨迹 4

任务2 机器人抓取吸盘工具

知识目标

1. 了解 MoveAbsj 指令、Set 指令、Reset 指令、Offset 指令的功能。
2. 了解上述指令的编写方法。

能力目标

能够正确使用 MoveAbsj 指令、Set 指令、Reset 指令、Offset 指令实现一定功能。

任务描述

现有一台串联型工业机器人，需要完成机器人工具的抓取功能，请通过以下流程实现上述功能：

1. 分析功能流程；
2. 根据功能要求绘制流程图；
3. 通过流程图编写功能程序；
4. 示教必要的点位；
5. 调试程序实现功能。

知识链接

5.2.1 MoveAbsj 指令

功能：

MoveAbsJ(move absolute joint)用于将机械臂和外轴移动至轴位置中指定的绝对位置。

使用举例：

①终点是一个奇点；

②关于 IRB 6400C 的模糊位置，例如，关于机械臂上工具的运动；

使用 MoveAbsJ 运动期间，机械臂的位置不会受到给定工具和工件以及有效程序位移的影响。机械臂运用该数据，以计算负载、TCP 速度和拐角路径，可在邻近运动指令中使用相同的工具。

机械臂和外轴沿非线性路径运动至目的位置，所有轴均同时达到目的位置。

本指令仅可用于主任务 T_ROB1，或者如果在 MultiMove 系统中，则可用于运动任务中。

程序执行：

①MoveAbsJ 的运动不受有效程序位移的影响，且如果通过开关\NoEOffs 执行，则外轴将不会出现偏移量。未采用开关\NoEOffs 时，目的目标中的外轴将受

外轴有效偏移量的影响。

②通过插入轴角，将工具移动至目的绝对接头位置。这意味着，各轴均以恒定轴速率运动，且所有轴均同时达到目的接头位置，其形成一条非线性路径。

③通常，TCP 以适当的编程速率运动。重定位工具，并在 TCP 运动的同时，使外轴移动。如果无法达到重定位或外轴的编程速率，则 TCP 的速率将会降低。

④当运动转移至下一段路径时，通常会产生角路径。如果在区域数据中指定停止点，则仅当机械臂和外轴已达到适当的接头位置时，方才继续程序执行。

示例：有关于如何使用指令 MoveAbsJ 的更多例子阐述如下。

例 1：

MoveAbsJ *，v2000\V：=2200，z40 \Z：=45，grip3；

工具 grip3 沿非线性路径运动至指令中储存的绝对接头位置。将数据设置为 v2000 和 z40 时，开始运动。TCP 的速率和区域半径分别为 2200 mm/s 和 45 mm。

例 2：

MoveAbsJ p5，v2000，fine \Inpos：= inpos50，grip3；

工具 grip3 沿非线性路径运动至绝对接头位置 p5。当满足关于停止点 fine 的 50%的位置条件和 50%的速度条件时，机械臂认为该工具位于点内。其最多等待 2 s，以满足各条件。参见数据类型为 stop pointdata 的预定义数据 inpos50。

5.2.2　Set 指令

功能：Set 用于将数字信号输出信号的值设置为一。

程序执行：

在信号获得其新值之前，存在短暂延迟。如果你想要继续程序执行，直至信号获得新值，则可使用指令 SetDO 以及可选参数\Sync。

真实值取决于信号的配置。若在系统参数中反转信号，则该指令将物理通道设置为零。

5.2.3　Reset 指令

功能：Reset 用于将数字信号输出信号的值重置为零。

程序执行真实值取决于信号的配置。若在系统参数中反转信号，则该指令将物理通道设置为 1。

5.2.4　Offset 指令

功能：Offset 用于在一个机械臂位置的工件坐标系中添加一个偏移量。

数据类型：robtarget。

移动的位置数据。

变元

Offs（Point XOffset YOffset ZOffset）

Point

数据类型：robtarget

☞ Set 指令举例：

例 1

Set do15；

将信号 do15 设置为 1。

例 2

Set weldon；

将信号 weldon 设置为 1。

☞ Reset 指令举例：

例 1

Reset do15；

将信号 do15 设置为 0。

例 2

Reset weld；

将信号 weld 设置为 0。

☞ Offset 指令举例：

例 1

MoveL Offs（p2，0，0，10），v1000，z50，tool1；

将机械臂移动至距位置 p2(沿 z 方向) 10 mm 的一个点。

例 2

p1：=Offs（p1，5，10，15）；

机械臂位置 p1 沿 x 方向移动 5 mm，沿 y 方向移动 10 mm，且沿 z 方向移动 15 mm。

有待移动的位置数据。

XOffset

数据类型：num

工件坐标系中 x 方向的位移。

YOffset

数据类型：num

工件坐标系中 y 方向的位移。

ZOffset

数据类型：num

工件坐标系中 z 方向的位移。

5.2.5 zonedata

功能：用于规定如何结束一个位置，即在朝下一个位置移动之前，轴必须如何接近编程位置。

描述可以以停止点或飞越点的形式来终止一个位置。

机器人工作站的启动与关闭

停止点意味着机械臂和外轴必须在使用下一个指令来继续程序执行之前达到指定位置(静止不动)，同时可能定义除预定义 fine 以外的停止点。可通过使用 stoppointdata 来操作停止标准，该停止标准说明是否认为机械臂已达到有关点。

飞越点意味着从未达到编程位置，而是在达到该位置之前改变运动方向。可针对各位置定义两个不同的区域(范围)：TCP 路径区域。

有关工具重新定位和外轴的扩展区。

机器人急停故障的解决

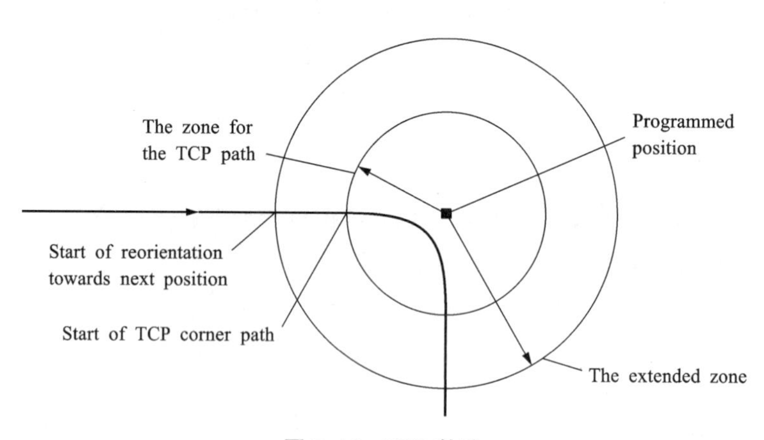

图 5-16 TCP 轨迹

机器人碰撞故障的解决

接头移动期间，区域函数相同，但是区域半径可能与编程区域有所不同。

区域半径不得大于距最近位置(向前或向后)距离的一半。如果指定了较大的区域，则机械臂会自动缩小该区域。

(1)TCP 路径区域

一旦达到区域边缘，随即产生角路径(抛物线)(图 5-16)。

(2)有关工具重新定位的区域

一旦 TCP 达到扩展区域，随即开始重新定位。重新定位工具，以便方位相同，使得区域在停止点编程完毕时位于相同位置。如果区域半径有所增加，则重新定位将更为顺利，且降低速率以实施重新定位的风险会变低。

图 5-17 所示为显示了三处编程位置，最后一处具有不同的工具方位。

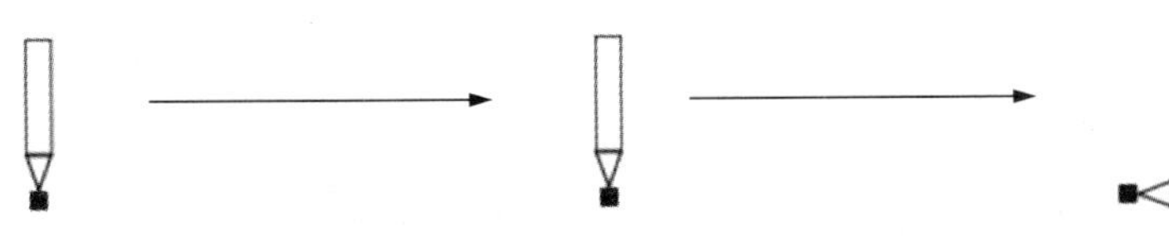

图 5-17　机器人运行的 3 个位置

图 5-18 所示为所有位置均为停止点时的程序执行情况。

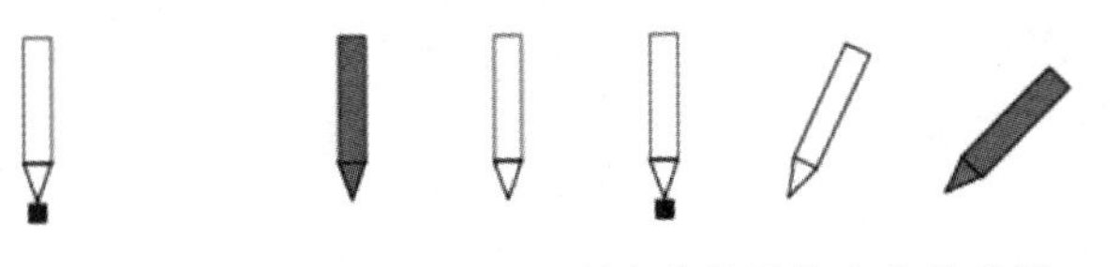

图 5-18　所有点均用停止点的效果

图 5-19 所示为中间位置为飞越点时的程序执行情况。

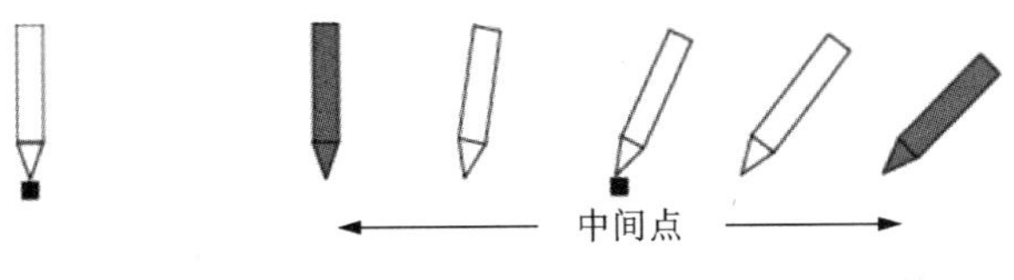

图 5-19　中间点为飞跃点的效果

(3)外轴区域

一旦 TCP 达到扩展区域，外轴随即开始朝下一个位置移动。在这种情况下，慢轴可在早期阶段开始加速，并由此更为顺利地执行。

(4)缩小区域

通过工具的大幅度重新定位或外轴的长距离移动，可由机械臂来缩小扩展区域甚至 TCP 区域。根据区域组件(参见组件)和编程移动，将区域定义为区域的最小相对尺寸。

任务实施

机器人夹取吸盘工具程序的编写

1. 分析功能流程

本任务要实现的功能为：

机器人首先回到原点位置，然后通过运动指令到达机器人抓取吸盘工具位置的上方(图 5-20)。

在到达抓取点之前，将机器人的夹爪打开(图 5-21)。

图 5-20 抓取点上方

图 5-21 打开夹爪

到达机器人抓取吸盘工具位置，抓取吸盘工具(图 5-22)。

然后回到机器人夹取吸盘工具的上方，再回到原点位置(图 5-23)。

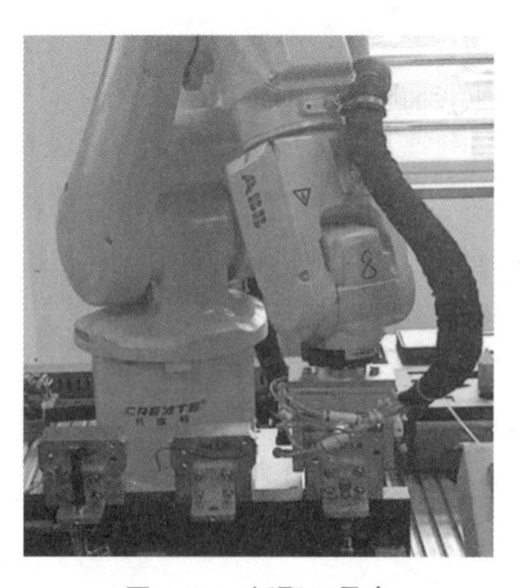

图 5-22 抓取工具点

图 5-23 原点位置

2. 根据功能要求绘制流程图

图 5-24 所示为抓取吸盘工具流程图。

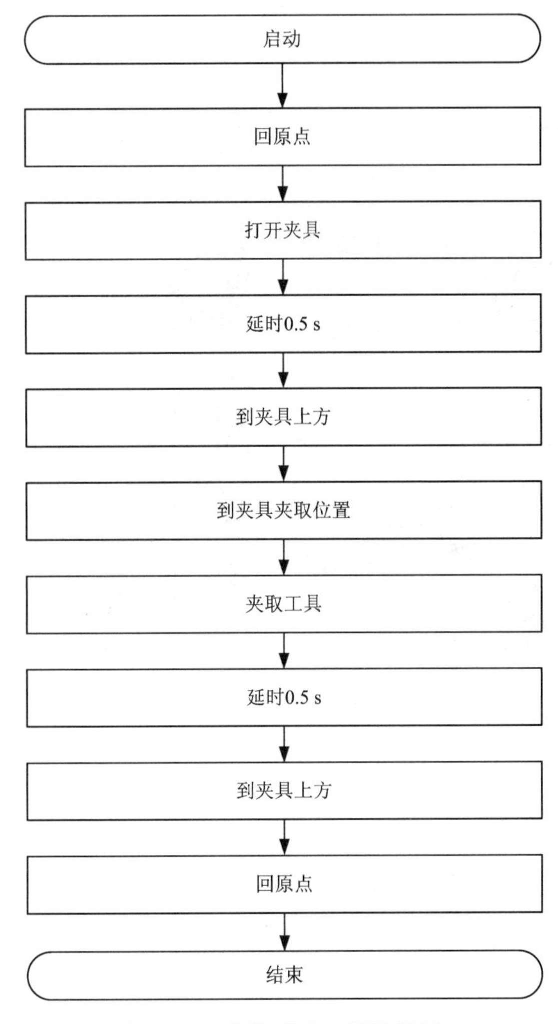

图 5-24　抓取吸盘工具流程图

3. 通过流程图编写功能程序

```
PROCrzxp()
    MoveAbsJ pHome \NoEOffs, v1000, fine, tool0;
    set do09;
    WaitTime 0.5;
    MoveJ offs(pxp, 0, 0, 100), v1000, z50, tool0;
    MoveL pxp, v200, fine, tool0;
```

```
    Reset do09;
    WaitTime 0.5;
    MoveL offs(pxp, 0, 0, 100), v1000, z50, tool0;
    MoveAbsJ pHome \NoEOffs, v1000, z50, tool0;
ENDPROC
```

4. 示教必要的点位

本任务需要示教 2 个点位，分别为原点位置 pHome 点（图 5-25）、抓取吸盘位置 pxp 点（图 5-26）。

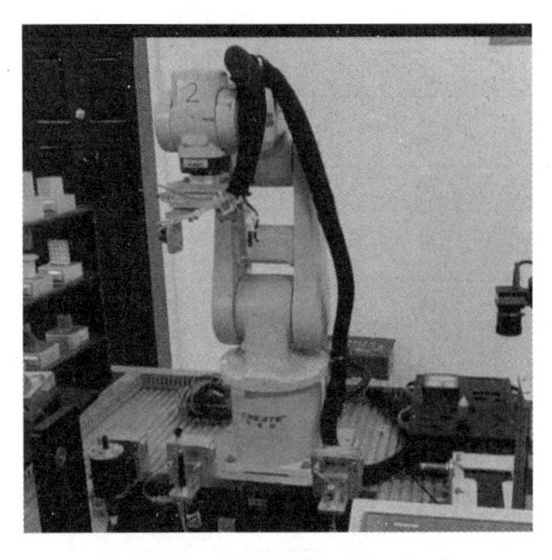

图 5-25 原点位置 pHome 点

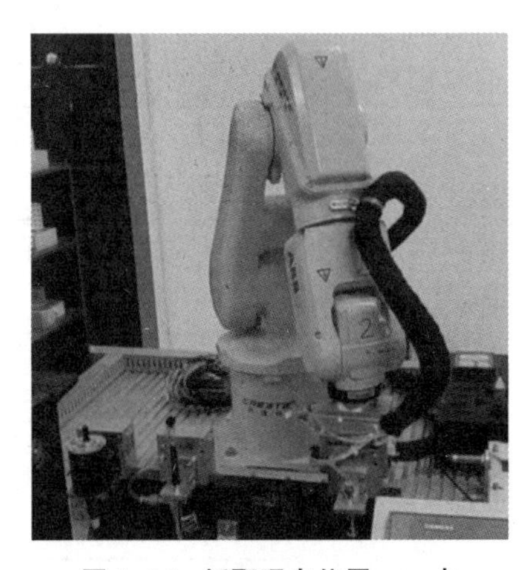

图 5-26 抓取吸盘位置 pxp 点

5. 调试程序实现功能

用正确的方法握持示教器，按下使能按钮，示教器上显示“电机开启”，然后按下“单步向前按钮”，机器人程序按顺序往下执行。第一次运行程序务必单步运行程序，直至程序末尾，确定机器人运行的每一条语句都没有错误，与工件不会发生碰撞，才可以按下“连续运行”按钮。需要停止程序时，先按“停止”，再松开使能按钮。

拓展任务：

机器人当前状态为已经抓取吸盘工具，请编写程序实现从 pHome 点开始，放回吸盘工具程序功能，并验证。

任务3 机器人夹爪状态开关的设置

知识目标

1. 了解机器人的IO口。
2. 了解WaitDI指令的使用。

能力目标

1. 能够正确配置机器人的IO口。
2. 能够正确调整机器人气缸的磁性开关。
3. 能够正确使用WaitDI指令。

任务描述

现有一台串联型工业机器人，需要完成机器人工具的抓取功能，请通过以下流程实现上述功能：

①调整机器人夹爪的磁性开关位置；
②分析功能流程；
③根据功能要求绘制流程图；
④通过流程图编写功能程序；
⑤示教必要的点位；
⑥调试程序实现功能。

知识链接

5.3.1 WaitDI 指令

WaitDI(wait digital input)用于等待，直至已设置数字信号输入。

☞ WaitDI 指令示意：

例1

WaitDI di4, 1;

仅在已设置di4输入后，继续程序执行。

例2

WaitDI grip_status, 0;

仅在已重置grip_status输入后，继续程序执行。

任务实施

1. 调整机器人夹爪的磁性开关位置

机器人的夹爪是一个气缸，我们可以控制给气缸供气的一个电磁阀，实现夹爪的打开与关闭功能。

当输出控制信号后，夹爪是否真的能够实现对应的控制功能呢？我们需要通过气缸上的磁性开关来进行反馈，磁性开关位置如图5-27所示。

选择合适的工具，松开磁性开关上的定位螺丝后，将机器人的磁性开关调整至合适的位置。

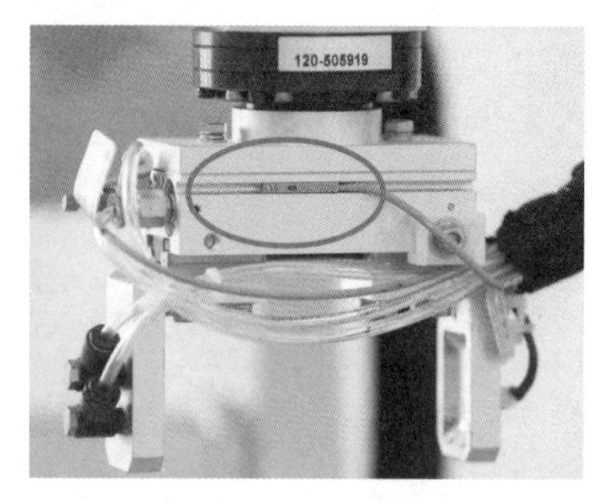

夹爪状态开关的设置

图 5-27　磁性开关位置

2. 分析功能流程

机器人的工作流程与上一个工作任务相同，只是在机器人夹爪打开和关闭后，需要通过 WaitDI 指令确认夹爪的打开和关闭状态。

3. 根据功能要求绘制流程图

图 5-28 所示为夹取流程图。

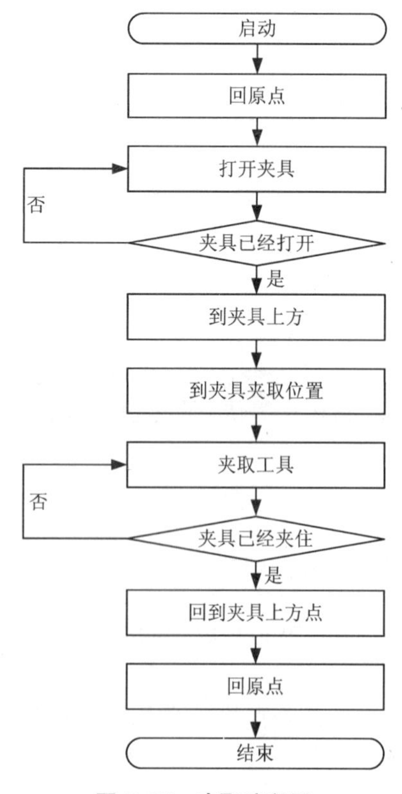

图 5-28　夹取流程图

4. 通过流程图编写功能程序

```
PROCrzxp()
    MoveAbsJ pHome \NoEOffs, v1000, fine, tool0;
    set do09;
    waitdi di11, 1;
    MoveJ offs(pxp, 0, 0, 100), v1000, z50, tool0;
    MoveL pxp, v200, fine, tool0;
    Reset do09;
    waitdi di10, 1;
    MoveL offs(pxp, 0, 0, 100), v1000, z50, tool0;
    MoveAbsJ pHome \NoEOffs, v1000, z50, tool0;
ENDPROC
```

5. 示教必要的点位

与上一个任务示教的点位相同。

6. 调试程序实现功能

用正确的方法握持示教器，按下使能按钮，示教器上显示“电机开启”，然后按下“单步向前按钮”，机器人程序按顺序往下执行。第一次运行程序务必单步运行程序，直至程序末尾，确定机器人运行的每一条语句都没有错误，与工件不会发生碰撞，才可以按下“连续运行”按钮。需要停止程序时，先按“停止”，再松开使能按钮。

拓展任务

请阅读以下拓展内容，了解机器人的 I/O 接口。

机器人的I/O接口

1. 机器人的 I/O 接口

ABB 的标准 I/O 板提供的常用信号处理有数字量输入，数字量输出，组输入，组输出，模拟量输入，模拟量输出。

ABB 机器人可以选配标准 ABB 的 PLC，省去了原来与外部 PLC 进行通信设置的麻烦，并且在机器人的示教器上就能实现与 PLC 的相关操作。

ABB 机器人紧凑型控制柜默认配置了 DSQC652IO 模块。

2. 机器人的急停回路

机器人系统可以配备各种各样的安全保护装置，例如门互锁开关、安全光栅等，例如我们经常使用的护栏安全门锁，在机器人运行程序时，断开安全门锁可以使机器人停止，以保证人员的安全。ABB 机器人提供的安全回路有如下 4 种：

（1）ES（emer stop）紧急停止

一旦触发 ES 回路，无论机器人在何种运行模式下，都会立即停止，且在报警没有确认（松开急停，上电按钮上电）的情况下，机器人是无法启动继续运行的。

ES 建议只有在紧急的情况下使用，不正确使用会影响机器人的使用寿命。

(2) AS(auto stop)自动停止

自动停止只有在机器人自动运行模式下才会起作用。自动停止常用于在机器人自动运行时监控其附属安全装置的状态，如护栏安全门锁，安全光幕等。

(3) GS(general stop)常规停止

GS 在机器人的所有运行模式下都有效。只要触发 GS，机器人就无法上电。这个一般很少用，比如手动 jog 机器人时，若配置了 GS，后续处理较麻烦。

(4) SS(superior stop)上级停止

SS 主要用于与外部设备进行连接，如安全 PLC。在机器人任何运行模式下都有效。这个也一般较少使用。

任务4　机器人装配功能

知识目标

1. 了解模块化编程思路。
2. 了解子程序调用(ProcCall)指令。
3. 了解上述指令的编写方法。

能力目标

能够正确使用子程序调用(ProcCall)指令，实现一定功能。

任务描述

现有一台串联型工业机器人，需要完成电路板装配功能，请通过以下流程实现上述功能：

1. 分析功能流程；
2. 根据功能要求绘制流程图；
3. 通过流程图编写功能程序；
4. 示教必要的点位；
5. 调试程序实现功能。

知识链接

5.4.1　ABB 机器人的程序结构

在 ABB 机器人中，机器人所运行的程序被称为 RAPID。RAPID 程序中包含了一连串控制机器人的指令，执行这些指令可以实现对机器人的控制操作。应用程序是使用称为 RAPID 编程语言的特定词汇和语法编写而成的。RAPID 是一种英文编程语言，所包含的指令可以移动机器人、设置输出、读取输入，还能实现决策、重复其他指令、构造程序、与系统操作员交流等功能。

RAPID 下面又划分了 Task(任务)，任务下面又划分了 module(模块)，模块是机器人的程序与数据的载体，模块又分为 System modules(系统模块)与 Task modules(任务模块)。ABB 机器人的程序结构示意图如图 5-29 所示。

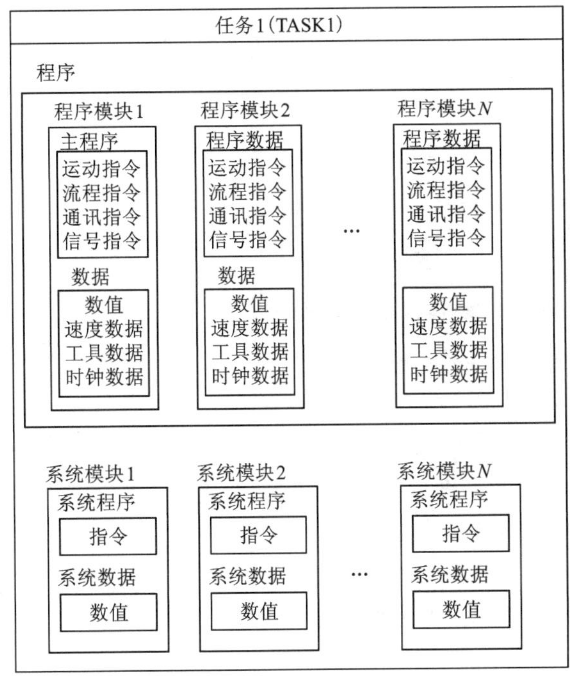

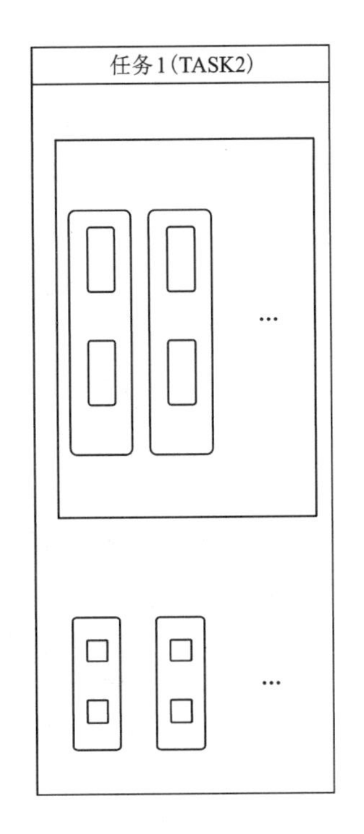

图 5-29　程序结构

RAPID 程序的架构说明：

①RAPID 程序由程序模块与系统模块组成。一般地，只通过新建程序模块来构建机器人的程序，而系统模块多用于系统方面的控制。

②可以根据不同的用途创建多个程序模块，如专门用于主控制的程序模块，用于位置计算的程序模块，用于存放数据的程序模块，这样便于归类管理不同用途的例行程序与数据。

③每一个程序模块包含程序数据、例行程序、中断程序和功能四种对象，但不一定在一个模块中都有这四种对象，程序模块之间的数据、例行程序、中断程序和功能是可以互相调用的。

④在 RAPID 程序中，只有一个主程序 main，并且存在于任意一个程序模块中，并且是作为整个 RAPID 程序执行的起点。

系统模块与任务模块如图 5-30 所示。

在 ABB 机器人，系统模块被认为是机器人系统的一部分，系统模块在机器人启动时就会被自动加载，系统模块中通常存储机器人的各个任务中公用的数据，如工具数据，焊接数据等。

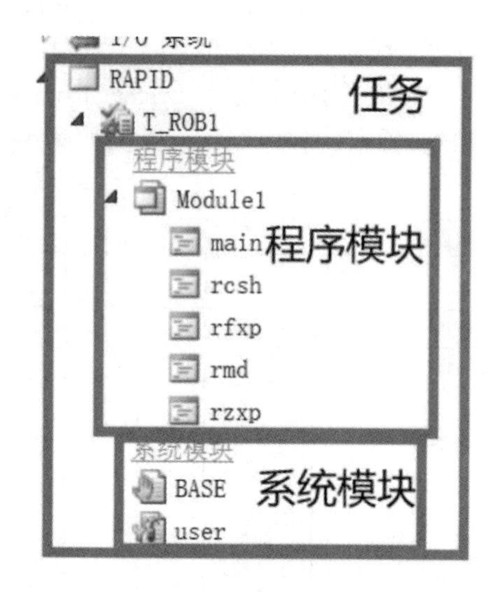

图 5-30 系统模块任务

系统模块的文件扩展名是“ * . sys”，相对于系统模块，任务模块在机器人中会被认为是某个任务或者某个应用的一部分，任务模块通常用于一般的程序编写与数据存储。任务模块的文件扩展名是“ * . mod”。

模块的声明与属性可以表明一个模块的名称、属性和本体。在 ABB 机器人中，模块一共有 5 种不同的属性，各属性的名称与含义见表 5-4。

表 5-4 属性含义

属性名称	属性含义
NOSTEPIN	程序不能步进(不能调试程序)(图 5-31)
READONLY	模块不可修改，但该属性可以被取消
VIEWONLY	模块不可修改
NOVIEW	示教器中无法查看，仅能执行

例如将模块属性设为 NOVIEW 程序代码在示教器中将不可见并会有图 5-32 所示提示。

```
MODULE zp(NOVIEW)
    PROC zxp()
        WaitTime 1;
    ENDPROC
ENDMODULE
```

图 5-31 NOVIEW 属性的模块

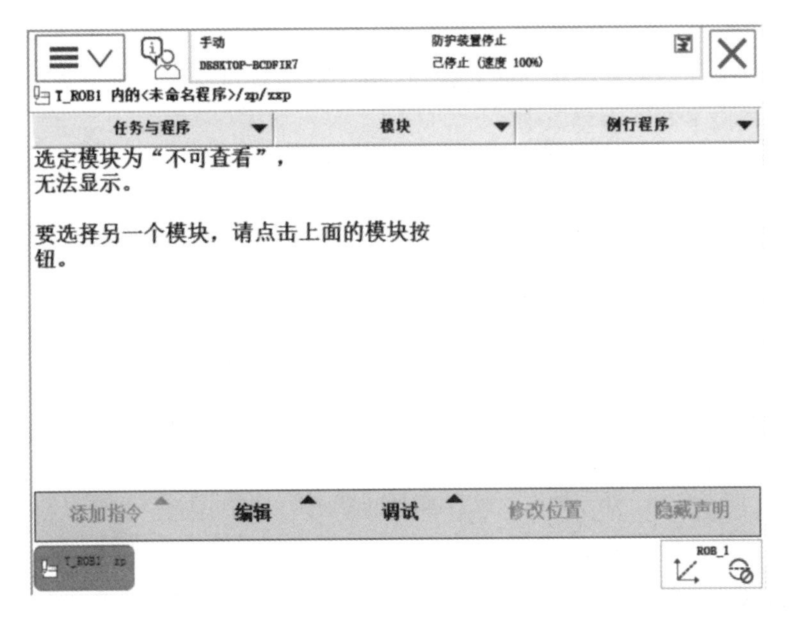

图 5-32 示教器上显示“不可查看”

ABB 机器人模块加密：

通过上面设置模块属性的方式可以实现程序模块的只读与隐藏，从而实现防止现场操作或者其他人员误操作的情况。但通过设置模块属性的方法只能实现在示教器上进行限制，在 RobotStudio 上也还是可以进行修改与查看的。通过设置属性来应付人员误操作还是可以的。

5.4.2 模块化程序设计

模块化程序设计是指在进行程序设计时将一个大程序按照功能划分为若干小程序模块，每个小程序模块完成一个确定的功能，并在这些模块之间建立必要的联系，通过模块的互相协作完成整个功能的程序设计方法。

1. 思想

在设计较复杂的程序时，一般采用自顶向下的方法，将问题划分为几个部分，各个部分再进行细化，直到分解为较好解决的问题为止。模块化设计，简单地说就是程序的编写不是一开始就逐条录入计算机语句和指令，而是首先用主程序、子程序、子过程等框架把软件的主要结构和流程描述出来，并定义和调试好各个框架之间的输入、输出链接关系逐步求精的结果，得到一系列以功能块为单位的算法描述。以功能块为单位进行程序设计，实现其求解算法的方法称为模块化。模块化的目的是降低程序复杂度，使程序设计、调试和维护等操作简单化。

利用函数，不仅可以实现程序的模块化，使程序设计更加简单和直观，从而提高了程序的易读性和可维护性，而且还可以把程序中经常用到的一些计算或操作编写成通用函数，以供随时调用。

2. 原则

把复杂的问题分解为单独的模块后，称为模块化设计。一般说来，模块化设计应该遵循以下几个主要原则。

(1) 模块独立

模块独立原则表现在模块独立完成任务的功能，与其他模块的联系应尽可能地简单，各个模块具有相对的独立性。

(2) 模块的规模要适当

模块的规模不能太大，也不能太小。如果模块的功能太强，可读性就会较差，若模块的功能太弱，就会有很多的接口。读者需要通过较多的程序设计来进行经验的积累。

(3) 分解模块时要注意层次

在进行多层次任务分解时，要注意对问题进行抽象化。在分解初期，可以只考虑大的模块，在中期，再逐步细化，分解成较小的模块进行设计。

3. 优点

模块化程序设计的基本思想是自顶向下、逐步分解、分而治之，即将一个较大的程序按照功能分割成一些小模块，各模块相对独立、功能单一、结构清晰、接口简单。

模块化程序设计的其他优点如下：

①控制了程序设计的复杂性。

②提高了代码的重用性。

③易于维护和功能扩充。

④有利于团队开发。

5.4.3 机器人的程序调用指令

1. ProcCall——调用新无返回值程序

功能：过程调用用于将程序执行转移至另一个无返回值程序。当充分执行本无返回值程序时，程序执行将继续过程调用后的指令。

常有可能将一系列参数发送至新的无返回值程序。其控制无返回值程序的行为，并使相同无返回值程序可能用于不同的事宜。

ProcCall 指令示例：

例 1

```
weldpipe1;
```

调用 weldpipe1 无返回值程序。

例 2

```
errormessage;
Set do1;
```

```
...
PROC errormessage()
TPWrite "ERROR";
ENDPROC
```

调用 errormessage 无返回值程序。当该无返回值程序就绪时，程序执行返回过程调用后的指令 Set do1。

2. CallByVar——通过变量，调用无返回值程序

功能：CallByVar(Call By Variable)可用于调用具有特定名称的无返回值程序，例如，经由变量的 proc_name1，proc_name2，proc_name3，...，proc_namex。

CallByVar 指令示例：

例 1

```
reg1：=2;
CallByVar "proc", reg1;
```

调用无返回值程序 proc2。

限制：所有无返回值程序必须拥有特定的名称，例如 proc1，proc2，proc3，且无法使用任何参数。

例 2　过程调用的静态选择

```
TEST reg1
  CASE 1:
    lf_door door_loc;
  CASE 2:
    rf_door door_loc;
  CASE 3:
    lr_door door_loc;
  CASE 4:
    rr_door door_loc;
  DEFAULT:
    EXIT;
ENDTEST
```

根据登记值 reg1 为 1、2、3 或 4，调用不同的无返回值程序，以针对选定的门实施适当类型的工作。位于参数 door_loc 中的门位置。

例 3　过程调用以及 RAPID 语法的动态选择

```
reg1：=2;
% "proc"+NumToStr(reg1, 0)% door_loc;
```

使用参数 door_loc，调用无返回值程序 proc2。

限制：所有无返回值程序必须拥有特定的名称，例如 proc1，proc2，proc3.

3. RETURN——完成程序的执行

功能：RETURN 用于完成程序的执行。若程序是一个函数，则同时返回函数值。

例 1

```
errormessage;
Set do1;
...
PROC errormessage()
  IF di1=1 THEN
    RETURN;
  ENDIF
  TPWrite "Error";
ENDPROC
```

调用 errormessage 无返回值程序。若无返回值程序到达 RETURN 指令，则在 Set do 1 过程调用后，程序执行返回指令。

例 2

```
FUNC num abs_value(num value)
  IF value<0 THEN
    RETURN -value;
  ELSE
    RETURN value;
  ENDIF
ENDFUNC
```

函数返回某一数字的绝对值。

☞ 停止程序执行示例：

例 1

TPWrite "The line to the host computer is broken";

Stop;

在将消息写入 FlexPendant 示教器之后，停止程序执行。

例 2

MoveL p1, v500, fine, tool1;

TPWrite "Jog the robot to the position for pallet corner 1";

Stop \NoRegain;

p1_read: = CRobT(\Tool: = tool1 \WObj: =wobj0);

MoveL p2, v500, z50, tool1;

通过位于 p1 的机械臂，停止程序执行。运算符点动，机械臂移动至 p1_read。关于下一次程序起动，机械臂并未恢复至 p1，因此，可将位置 p1_read 储存在程序中。

4. Stop——停止程序执行

功能：Stop 用于停止程序执行。在 Stop 指令就绪之前，将完成当前执行的所有移动。

当在实际运动任务中受影响的机械单元当时正在进行的移动已达到零速度并保持静止时，本指令停止程序执行。随后，可从下一指令重启程序执行。

若在没有任何开关的情况下使用本指令，则仅有该任务中的程序会受到影响。

若在一个任务(普通、静力学或半静力学)中使用 AllMoveTasks 开关，则该任务中的程序以及所有普通任务均将停止。请参见更多关于系统参数文件中的任务声明。

由于其仅关注运动路径，因此，尽可能在运动任务中使用 NoRegain 开关。

若在事件程序中存在 Stop 指令，则将停止执行程序，并继续按照 Stop 所示来执行。

若在 MultiMove 系统的事件程序中存在 Stop\AllMoveTasks 指令，则按照 Stop 所述，继续进行包含本指令的任务，并按照 Stop\AllMoveTasks(与执行事件程序期间的普通程序停止的作用相同)所述，继续执行事件程序的所有其他运动任务。

任务实施

1. 分析功能流程

工业机器人装配工作站程序的编写

(1) 机器人到原点 pHome 点。
(2) 机器人抓取吸盘工具。
(3) 机器人执行装配功能。
(4) 机器人放回吸盘工具。
(5) 机器人回到机械原点。

2. 根据功能要求绘制流程图

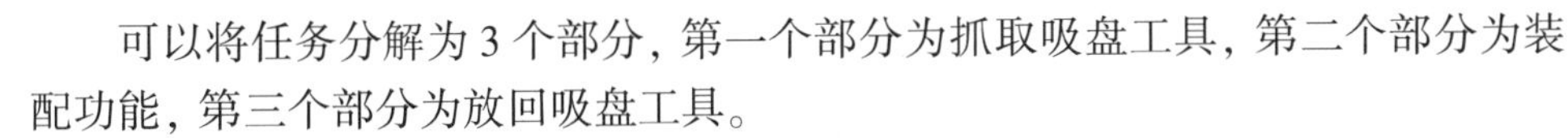

可以将任务分解为 3 个部分，第一个部分为抓取吸盘工具，第二个部分为装配功能，第三个部分为放回吸盘工具。

装配程序流程图如图 5-33 所示。

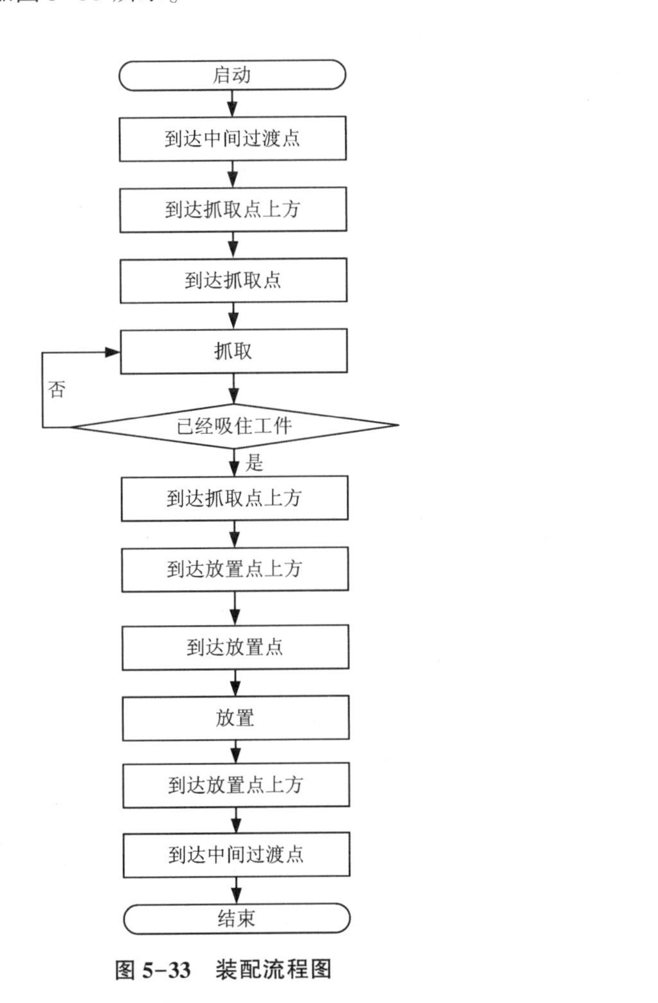

图 5-33　装配流程图

可以编写图 5-34 所示主程序流程图。

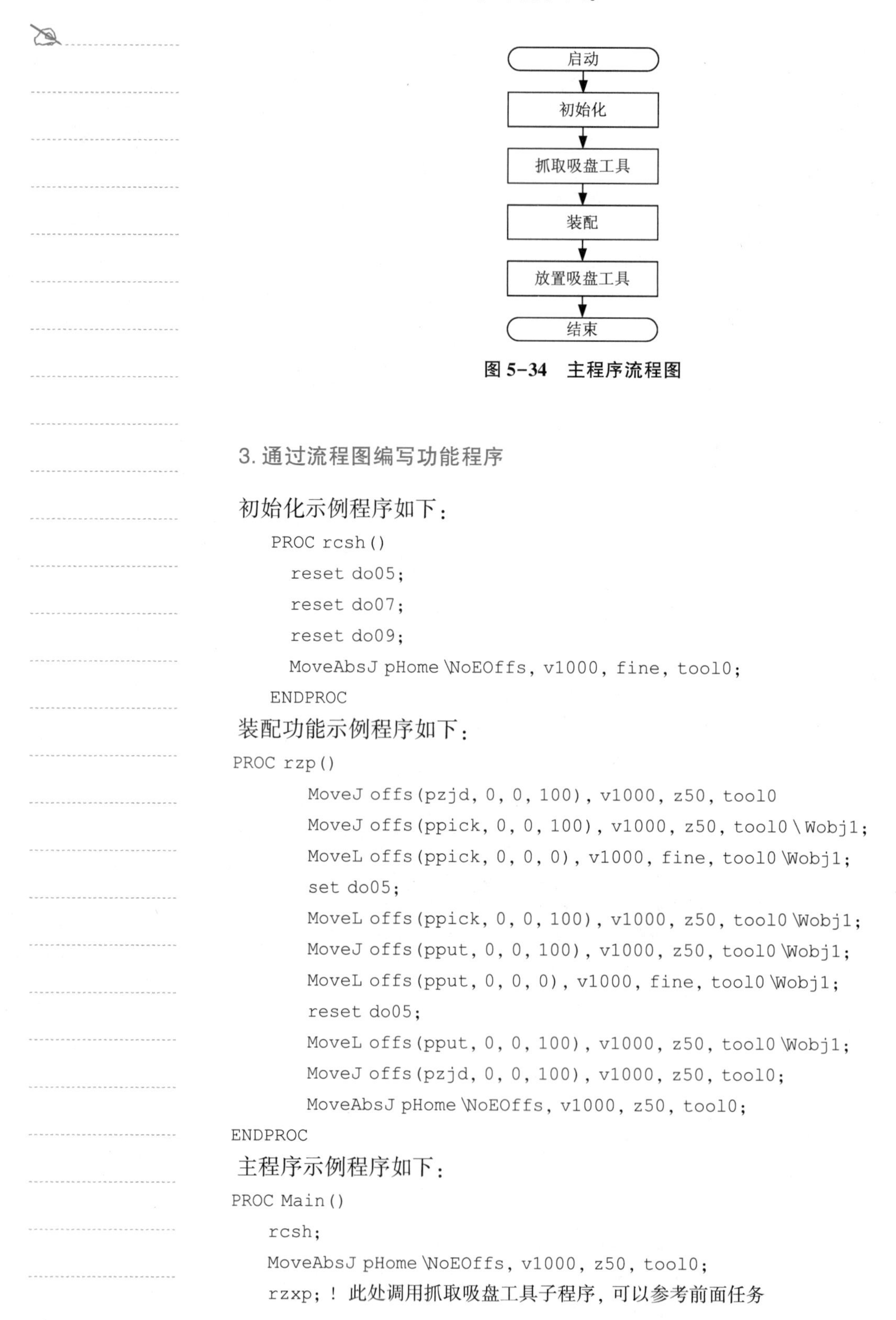

图 5-34　主程序流程图

3. 通过流程图编写功能程序

初始化示例程序如下：

```
PROC rcsh()
  reset do05;
  reset do07;
  reset do09;
  MoveAbsJ pHome \NoEOffs, v1000, fine, tool0;
ENDPROC
```

装配功能示例程序如下：

```
PROC rzp()
    MoveJ offs(pzjd, 0, 0, 100), v1000, z50, tool0
    MoveJ offs(ppick, 0, 0, 100), v1000, z50, tool0 \ Wobj1;
    MoveL offs(ppick, 0, 0, 0), v1000, fine, tool0 \Wobj1;
    set do05;
    MoveL offs(ppick, 0, 0, 100), v1000, z50, tool0 \Wobj1;
    MoveJ offs(pput, 0, 0, 100), v1000, z50, tool0 \Wobj1;
    MoveL offs(pput, 0, 0, 0), v1000, fine, tool0 \Wobj1;
    reset do05;
    MoveL offs(pput, 0, 0, 100), v1000, z50, tool0 \Wobj1;
    MoveJ offs(pzjd, 0, 0, 100), v1000, z50, tool0;
    MoveAbsJ pHome \NoEOffs, v1000, z50, tool0;
ENDPROC
```

主程序示例程序如下：

```
PROC Main()
  rcsh;
  MoveAbsJ pHome \NoEOffs, v1000, z50, tool0;
  rzxp; ! 此处调用抓取吸盘工具子程序，可以参考前面任务
```

```
    rzp;
    rfxp; ! 此处调用放置吸盘工具子程序，可以参考前面任务
ENDPROC
```

4. 示教必要的点位

本任务需要示教的点位为原点 pHome、中间点 pzjd、工件抓取点 ppick、工件放置点 pput。点位大致位置如下：

原点 pHome(图 5-35)。

中间点 pzjd 位置(图 5-36)。

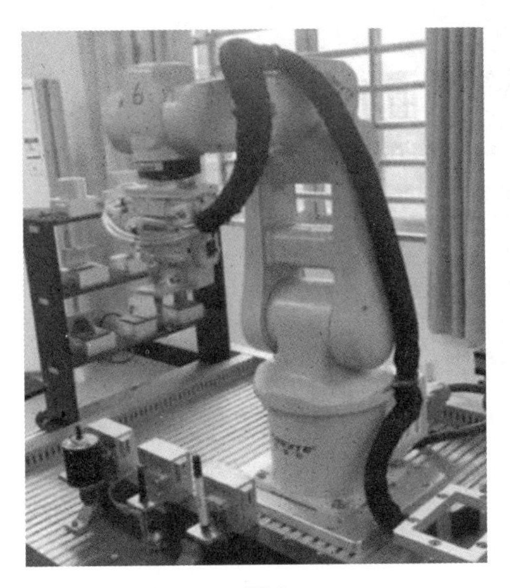

图 5-35　原点 pHome

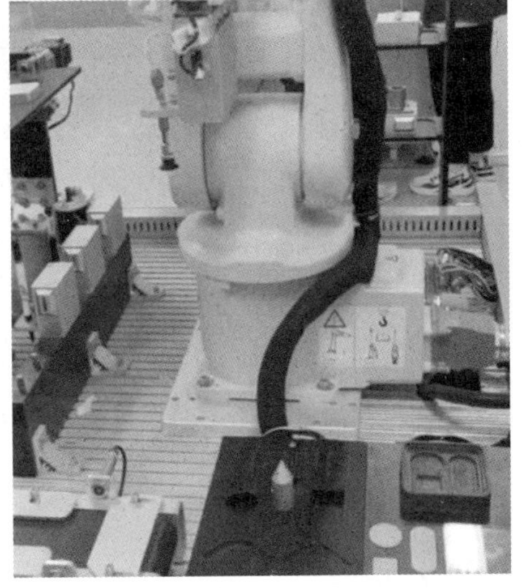

图 5-36　中间点 pzjd

抓取吸盘工具 pxp 点(图 5-37)。

工件抓取点 ppick 位置(图 5-38)。

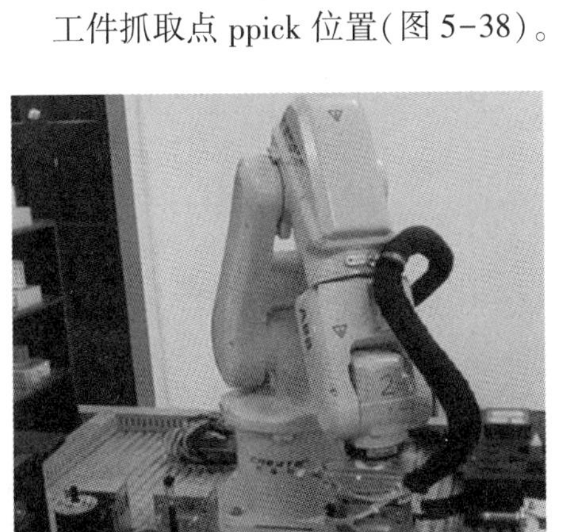

图 5-37　抓取吸盘工具 pxp 点

图 5-38　工件抓取点 ppick 位置

工件放置点 pput 位置(图 5-39)。

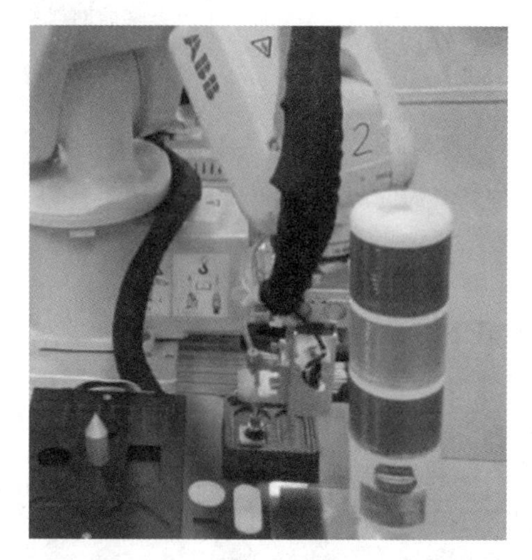

图 5-39 工件放置点 pput 位置

5. 调试程序实现功能

用正确的方法手握示教器，按下使能按钮，示教器上显示“电机开启”，然后按下“单步向前按钮”，机器人程序按顺序往下执行程序。第一次运行程序务必单步运行程序，直至程序末尾，确定机器人运行每一条语句都没有错误，与工件不会发生碰撞，才可以按下“连续运行”按钮。需要停止程序时，先按“停止”，再松开使能按钮。

拓展任务

示例程序是通过偏移指令实现的，请各位同学试着编写程序，上方点通过直接示教点位实现。并对比这两种编程方式的优劣。

通过偏移实指令实现装配功能

任务 5 赋值法实现装配功能

知识目标

1. 了解赋值指令的功能。
2. 了解上述指令的编写方法。
3. 了解程序数据的类型。

能力目标

1. 掌握不同类型程序数据的差异。
2. 掌握程序数据的不同存储方式。
3. 能够正确设置机器人的数据存储类型。

任务描述

现有一台串联型工业机器人，需要完成电路板装配功能，电路板中元件的相对位置如图 5-40 所示。

请通过以下流程实现下述功能：

①以平台为基准建立机器人的工件坐标系，将标定好的工件坐标系命名为 Wobj1。

②分析功能流程。

③根据功能要求绘制流程图。

④通过流程图编写功能程序。

⑤示教必要的点位。

⑥调试程序实现功能。

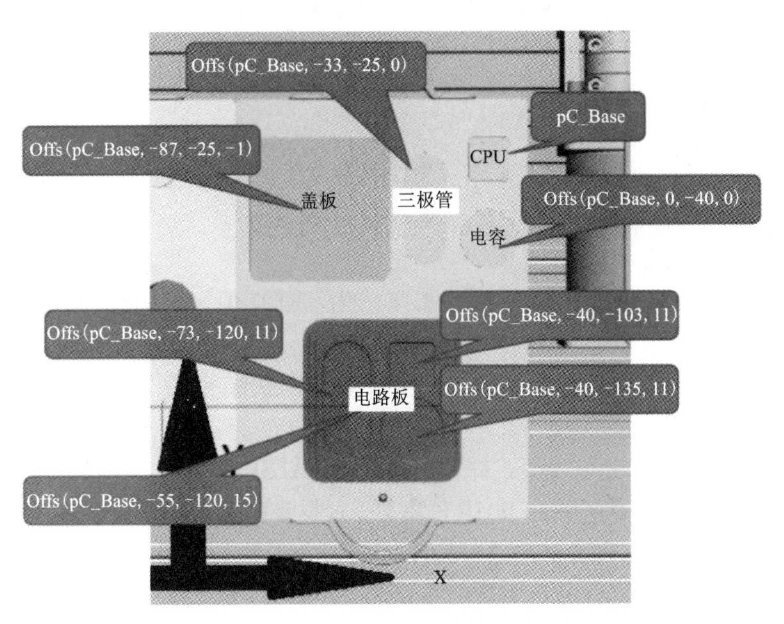

图 5-41 电路板中元件的相对位置

知识链接

5.5.1 赋值指令“:=”

功能：赋值“:=”指令用来给数据赋一个新值。这个值可以是包括从常量值到任意的表达式中的任何一个值，例如 reg1+5 * reg3。

指令的基本范例说明如下。

例 1 reg1：=5；

数值 5 赋给 reg1。

例 2 reg1：=reg2-reg3；

reg2-reg3 计算返回的数值赋给 reg1。

例 3　counter：=counter+1；

counter 增加 1。

5.5.2　TEST-根据表达式的值…

☞ 举例：

例 1

```
TEST reg1
CASE 1, 2, 3:
    routine1;
CASE 4:
    routine2;
DEFAULT:
    TPWrite "Illegal choice";
    Stop;
ENDTEST
```

功能：根据表达式或数据的值，当有待执行不同的指令时，使用 TEST。注：如果并没有太多的替代选择，亦可使用 IF..ELSE 指令。

程序执行方式：

①将测试数据与第一个 CASE 条件中的测试值进行比较。若对比真实，则执行相关指令。此后，通过 ENDTEST 后的指令，继续程序执行。

②若未满足第一个 CASE 条件，则对其他 CASE 条件进行测试等。若未满足任何条件，则执行与 DEFAULT 相关的指令(如果存在)。

根据 reg1 的值，执行不同的指令。若该值为 1、2 或 3，则执行 routine1。若该值为 4，则执行 routine2。否则，打印出错误消息，并停止执行。

5.5.3　while 循环指令

功能：只要给定条件表达式评估为 TRUE，当重复一些指令时，使用 WHILE。注：如果可以确定重复的数量，可以使用 FOR 指令。

☞ 举例：

例 1

```
WHILE reg1 < reg2 DO
...
reg1:=reg1+1;
ENDWHILE
```

注：只要 reg1 < reg2，则重复 WHILE 块中的指令。

程序执行：

①评估条件表达式。如果表达式评估为 TRUE 值，则执行 WHILE 块中的指令。

②随后，再次评估条件表达式，且如果该评估结果为 TRUE，则再次执行 WHILE 块中的指令。

③该过程继续，直至表达式评估结果成为 FALSE。

④随后，终止迭代，并在 WHILE 块后，根据本指令，继续程序执行。

如果表达式评估结果在开始时为 FALSE，则不执行 WHILE 块中的指令，且程序控制立即转移至 WHILE 块后的指令。

5.5.4　坐标系的认识

机器人有若干坐标系，比较重要的是基坐标系、大地坐标系、工具坐标系和工件坐标系。

1. 基坐标系

基坐标系是以机器人安装基座为基准、用来描述机器人本体运动的直角坐标系。

任何机器人都离不开基坐标系，也是机器人 TCP 在三维空间运动空间所必需的基本坐标系(面对机器人前后，X 轴；左右，Y 轴；上下，Z 轴)，见图 5-41。

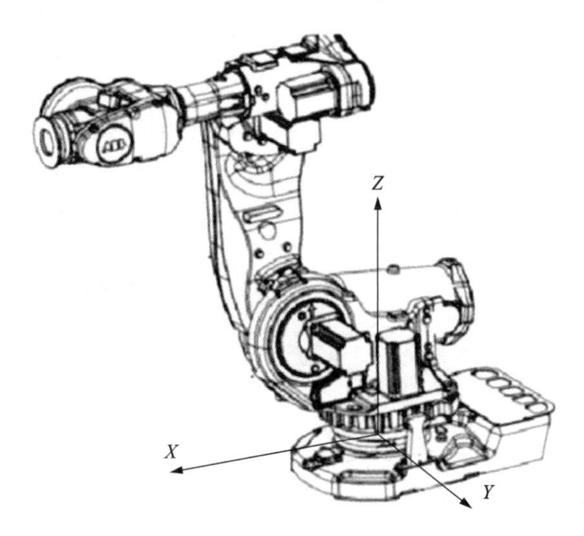

图 5-41　机器人的基坐标系

2. 大地坐标系

大地坐标系是以大地作为参考的直角坐标系。在多个机器人联动的和带有外轴的机器人会用到，90%的大地坐标系与基坐标系是重合的。但是在以下两种情况大地坐标系与基坐标系不重合。

(1) 机器人倒装。如图 5-42 所示，倒装机器人的基坐标与大地坐标的方向相反，机器人可以倒过来，但大地却不可以倒过来。

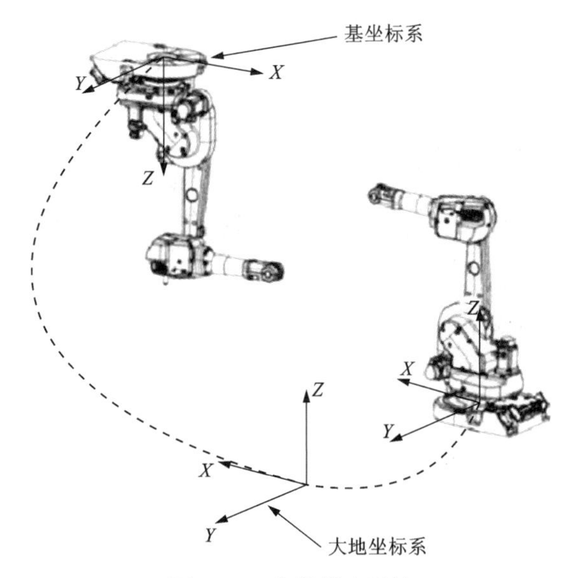

图 5-42　多机器人系统

(2)带外部轴的机器人。如图5-43所示，大地坐标系固定好位置，而基坐标系却可以随着机器人整体的移动而移动。

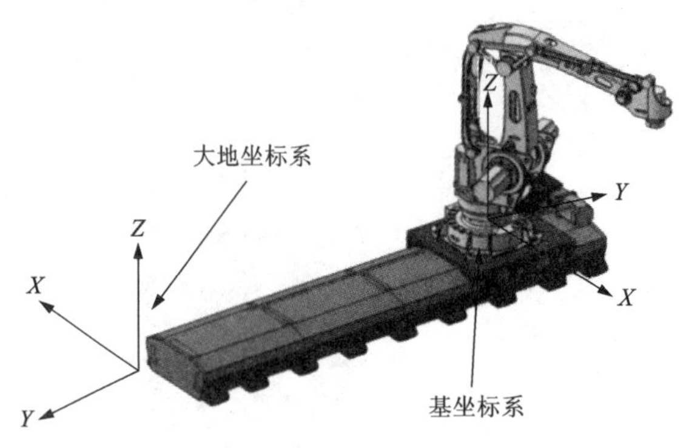

图5-43 带外部轴的机器人

3. 工具坐标系

工具数据tooldata用于描述安装在机器人第6轴上的工具的TCP、质量、重心等。

工具坐标建立的方法

一般不同的机器人应用配置不同的工具，比如说弧焊的机器人就使用弧焊枪作为工具，而用于搬运板材的机器人就会使用吸盘式的夹具作为工具。

默认工具(tool0)的工具中心点(Tool Center Point)位于机器人安装法兰盘的中心。图5-44和5-45所示坐标系的中心就是原始的TCP点。

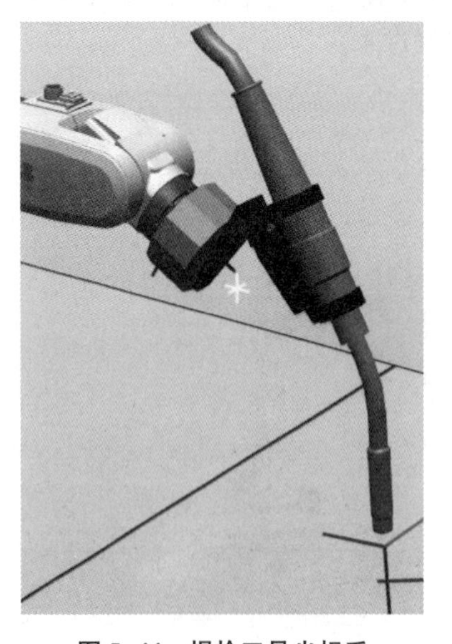

图5-44 焊枪工具坐标系

图5-45 机器人默认工具坐标系位置

TCP的设定原理如下：

①首先在机器人工作范围内找一个非常精确的固定点作为参考点。

②然后在工具上确定一个参考点(最好是工具的中心点)。

③用之前介绍的手动操纵机器人的方法，去移动工具上的参考点，以四种以上不同的机器人姿态尽可能地与固定点刚好碰上。为了获得更准确的 TCP，在以下例子中使用六点法进行操作，第四点是用工具的参考点垂直于固定点，第五点是工具参考点从固定点向将要设定为 TCP 的 *X* 方向移动，第六点是工具参考点从固定点向将要设定为 TCP 的 *Z* 方向移动。

④机器人通过这四个位置点的位置数据计算求得 TCP 的数据，然后 TCP 的数据就保存在 tooldata 这个程序数据中被程序进行调用。

4. 工件坐标 wobjdata

工件坐标对应工件，它定义工件相对于大地坐标(或其他坐标)的位置。机器人可以拥有若干工件坐标系，或者表示不同工件，或者表示同一工件在不同位置的若干副本。

工业机器人的工件坐标系

对机器人进行编程时就是在工件坐标中创建目标和路径。这带来很多优点：

①重新定位工作站中的工件时，只需要更改工件坐标的位置，所有路径将即刻随之更新。

②允许操作以外轴或传送导轨移动的工件，因为整个工件可连同其路径一起移动。

例：*A* 是机器人的大地坐标，为了方便编程，给第一个工件建立了一个工件坐标 *B*，并在这个工件坐标 *B* 中进行轨迹编程，如图 5-46 所示。

☞ 提示：

如果在工件坐标 *B* 中对 *A* 对象进行了轨迹编程，当工件坐标的位置变化成工件坐标 *D* 后，只需在机器人系统重新定义工件坐标 *D*，则机器人的轨迹就自动更新到 *C* 了，不需要再次轨迹编程了。因 *A* 相对于 *B*，*C* 相对于 *D* 的关系是一样，并没有因为整体偏移而发生变化。

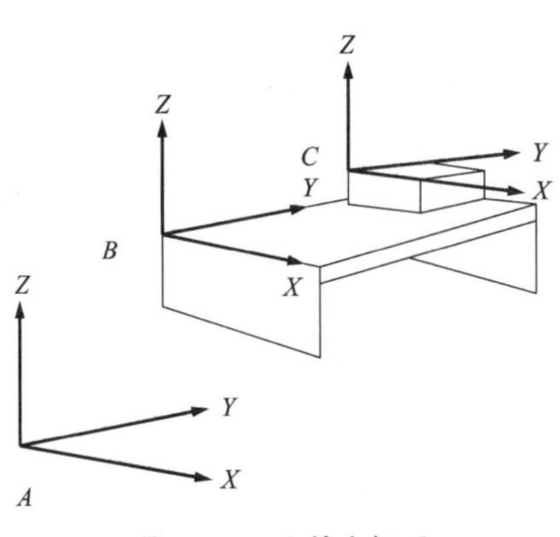

图 5-46　工件坐标系

如果台子上还有一个一样的工件需要走一样的轨迹，那只需建立一个工件坐标 *C*，将工件坐标 *B* 中的轨迹复制一份，然后将工件坐标从 *B* 更新为 *C*，则无需对一样的工件进行重复轨迹编程了，如图 5-47 所示。

＊注意：在对象的平面上，只需要定义三个点，就可以建立一个工件坐标(图 5-48)。

X_1 点确定工件坐标的原点。X_1、X_2 点确定工件坐标 *X* 正方向 Y_1 确定工件坐标 *Y* 正方向，工件坐标等符合右手定则。

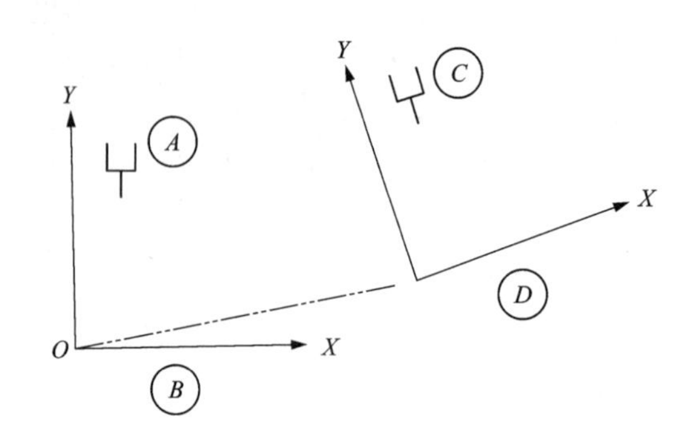

图 5-47 两个坐标系

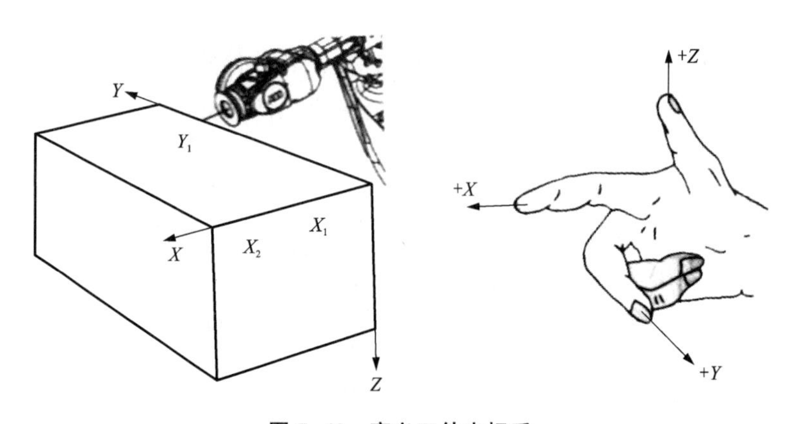

图 5-48 定义工件坐标系

5.5.5 数据的分类与存储

ABB机器人数据类型

1. 程序数据的类型分类

ABB 机器人的程序数据共有 76 个，并且可以根据实际情况进行程序数据的创建，为 ABB 机器人的程序设计带来了无限可能性。

在示教器的“程序数据”窗口可查看和创建所需要的程序数据。

2. 程序数据的存储类型

(1)变量 VAR

变量型数据在程序执行的过程中和停止时，会保持当前的值。但若程序指针被移到主程序后，则数值会丢失。

举例说明：

VAR numnum1：=0；名称为 num1 的数字数据

VAR boolflag：=FALSE；名称为 flag 的布尔量数据

在程序编辑窗口中的显示如图 5-50 所示。

程序数据 - 全部数据类型

从列表中选择一个数据类型。

范围：RAPID/T_ROB1　　更改范围

1 到 24 共 98

accdata	aiotrigg	bool
btnres	busstate	buttondata
byte	cameradev	cameraextdata
camerasortdata	cameratarget	clock
cnvcmd	confdata	confsupdata
corrdescr	cssframe	datapos
dionum	dir	dnum
errdomain	errnum	errstr

显示数据　视图

图 5-49　机器人的数据类型

机器人的数据

```
MODULE module11
    VAR num num1:=0;
    VAR bool flag:=FALSE;
ENDMODULE
```

图 5-50　设置为变量

在机器人执行的 RAPID 程序中也可以对变量存储类型程序数据进行赋值的操作，如图 5-51 所示。

☞ 注意：

VAR 表示存储类型为变量；num 表示程序数据类型。

提示：

在定义数据时，可以定义变量数据的初始值。如 num1 的初始值为 0，flag 的初始值为 FALSE。

注意：

在程序中执行变量型数据的赋值，程序指针发生手动移动，变量的值会回到初始值。

```
MODULE module11
    VAR num num1:=0;
    VAR bool flag:=FALSE;
    PROC fw()
        num1:=3-2;
        flag:=TRUE;
    ENDPROC
ENDMODULE
```

图 5-51　将变量赋值

(2) 可变量 PERS

可变量最大的特点是，无论程序的指针如何，都会保持最后赋予的值。举例说明：

PERS num num2：=0；名称为 num2 的数字数据

PERS bool flag2：=FALSE；名称为 flag2 的布尔量数据

在机器人执行的 RAPID 程序中也可以对可变量存储类型程序数据进行赋值

的操作。如图 5-52 所示。

```
MODULE module11
    VAR num num1:=0;
    VAR bool flag:=FALSE;
    PERS num num2:=1;
    PERS bool flag2:=TRUE;
    PROC fw()
        num1:=3-2;
        flag:=TRUE;
        num2:=3-2;
        flag2:=TRUE;
    ENDPROC
ENDMODULE
```

图 5-52 添加可变量

在程序执行以后，赋值的结果会一直保持，直到对其进行重新赋值。

＊注意：PERS 表示存储类型为可变量

☞ 注意：

存储类型为常量的程序数据，不允许在程序中进行赋值的操作。

(3)常量 CONST

常量的特点是在定义时已赋予了数值，并不能在程序中进行修改，除非手动修改。举例说明：

CONST num num3：=0；*名称为 num3 的数字数据*

CONST bool flag3：=FALSE；*名称为 flag3 的布尔量数据*

三种数据的存储类型在编辑界面的显示如图 5-53 所示。

```
MODULE module11
    VAR num num1:=0;
    VAR bool flag:=FALSE;
    PERS num num2:=1;
    PERS bool flag2:=TRUE;
    CONST num num3:=0;
    CONST bool flag3:=FALSE;
    PROC fw()
        num1:=3-2;
        flag:=TRUE;
        num2:=3-2;
        flag2:=TRUE;
    ENDPROC
    PROC Routine1()
        WaitTime 1;
    ENDPROC
ENDMODULE
```

图 5-53 添加常量

表 5-5　Num1、num2、num3 的状态

画面	说明
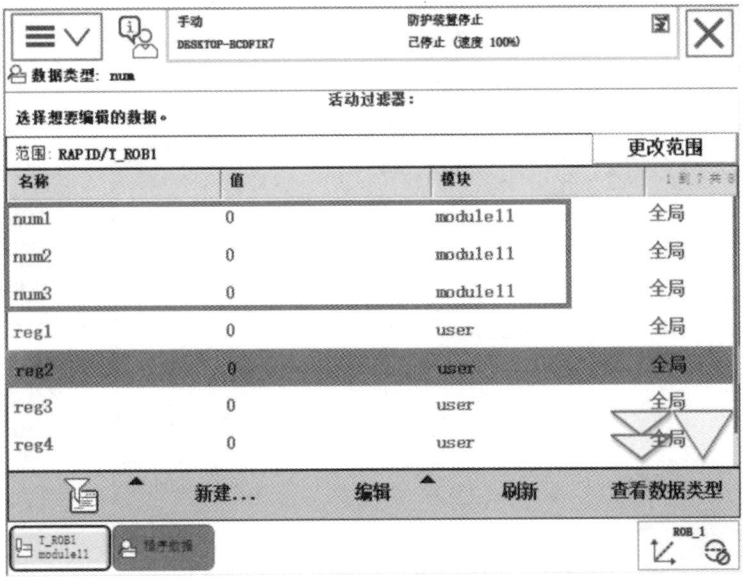 手动　DESKTOP-BCDFIR7　防护装置停止　已停止（速度 100%） 数据类型：num 活动过滤器： 选择想要编辑的数据。 范围：RAPID/T_ROB1　更改范围 名称 / 值 / 模块　1 到 7 共 8 num1　0　module11　全局 num2　0　module11　全局 num3　0　module11　全局 reg1　0　user　全局 reg2　0　user　全局 reg3　0　user　全局 reg4　0　user　全局 新建…　编辑　刷新　查看数据类型 T_ROB1 module11　程序数据　ROB_1	程序运行前 Num1、num2、num3 的状态
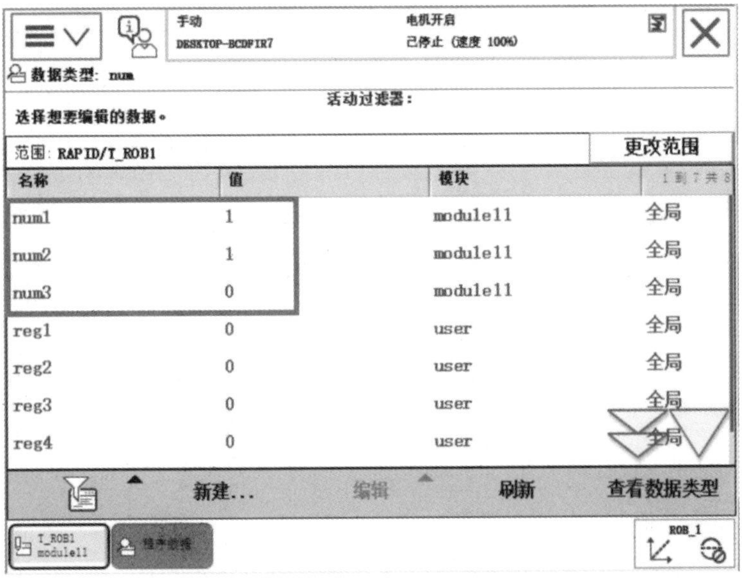 手动　DESKTOP-BCDFIR7　电机开启　已停止（速度 100%） 数据类型：num 活动过滤器： 选择想要编辑的数据。 范围：RAPID/T_ROB1　更改范围 名称 / 值 / 模块　1 到 7 共 8 num1　1　module11　全局 num2　1　module11　全局 num3　0　module11　全局 reg1　0　user　全局 reg2　0　user　全局 reg3　0　user　全局 reg4　0　user　全局 新建…　编辑　刷新　查看数据类型 T_ROB1 module11　程序数据　ROB_1	程序运行后 Num1、num2、num3 的状态

续表 5-5

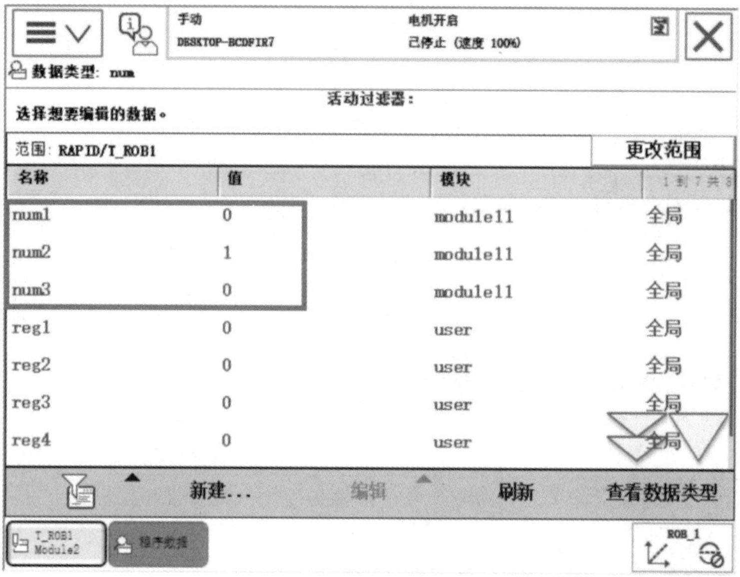 手动 DESKTOP-BCDFIR7 电机开启 已停止（速度 100%） 数据类型：num 选择想要编辑的数据。 活动过滤器： 范围：RAPID/T_ROB1 更改范围 名称 值 模块 1 到 7 共 8 num1 0 module11 全局 num2 1 module11 全局 num3 0 module11 全局 reg1 0 user 全局 reg2 0 user 全局 reg3 0 user 全局 reg4 0 user 全局 新建... 编辑 刷新 查看数据类型 T_ROB1 Module2 程序数据 ROB_1	手动移动程序指针后 Num1、num2、num3 的状态

表 5-6 flag、flag2、flag3 的状态

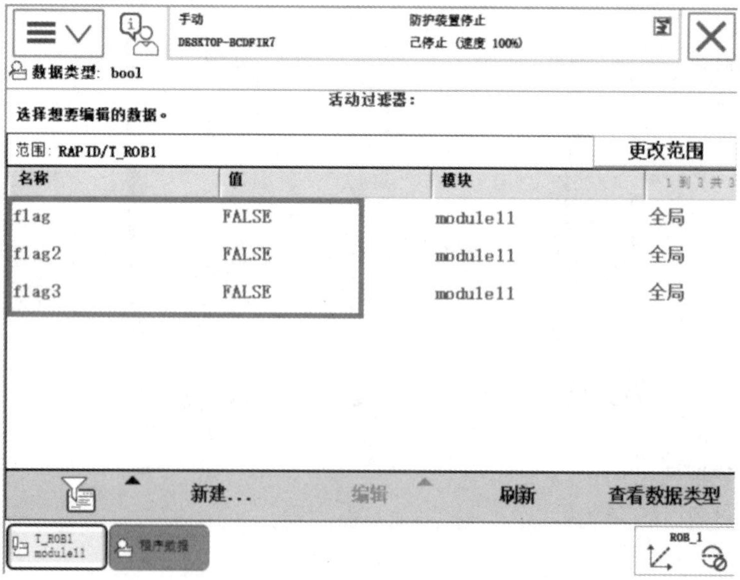 手动 DESKTOP-BCDFIR7 防护装置停止 已停止（速度 100%） 数据类型：bool 选择想要编辑的数据。 活动过滤器： 范围：RAPID/T_ROB1 更改范围 名称 值 模块 1 到 3 共 3 flag FALSE module11 全局 flag2 FALSE module11 全局 flag3 FALSE module11 全局 新建... 编辑 刷新 查看数据类型 T_ROB1 module11 程序数据 ROB_1	程序运行前 flag、flag2、flag3 的状态

续表 5-6

手动 DESKTOP-BCDFIR7　电机开启 已停止（速度 100%） 数据类型：bool　活动过滤器： 选择想要编辑的数据。 范围：RAPID/T_ROB1　更改范围 名称 | 值 | 模块 | 1 到 3 共 3 flag | TRUE | module11 | 全局 flag2 | TRUE | module11 | 全局 flag3 | FALSE | module11 | 全局 新建…　编辑　刷新　查看数据类型 T_ROB1 module11　程序数据　ROB_1	程序运行后 flag、flag2、flag3 的状态
手动 DESKTOP-BCDFIR7　电机开启 已停止（速度 100%） 数据类型：bool　活动过滤器： 选择想要编辑的数据。 范围：RAPID/T_ROB1　更改范围 名称 | 值 | 模块 | 1 到 3 共 3 flag | FALSE | module11 | 全局 flag2 | TRUE | module11 | 全局 flag3 | FALSE | module11 | 全局 新建…　编辑　刷新　查看数据类型 T_ROB1 Module2　程序数据　ROB_1	手动移动程序指针后 flag、flag2、flag3 的状态

3. 常用的程序数据

根据不同的数据用途，定义了不同的程序数据，表 5-7 所示为机器人系统中常用的程序数据。

表 5-7 常用程序数据

程序数据	说明
bool	布尔量
byte	整数数据 0~255
clock	计时数据
dionum	数字输入/输出信号
extjoint	外轴位置数据
intnum	中断标志符
jointtarget	关节位置数据
loaddata	负荷数据
mecunit	机械装置数据
num	数值数据
orient	姿态数据
pos	位置数据(只有 X、Y 和 Z)
pose	坐标转换
robjoint	机器人轴角度数据
robtarget	机器人与外轴的位置数据
speeddata	机器人与外轴的速度数据
string	字符串
tooldata	工具数据
trapdata	中断数据
wobjdata	工件数据
zonedata	TCP 转弯半径数据

☞ 提示：

系统中还有针对一些特殊功能的程序数据，在对应的功能说明书中会有相应的详细介绍，请查看随机光盘电子版说明书。也可以根据需要新建程序数据类型。

任务实施

变量赋值实现机器人的装配程序

1. 工件坐标系的设置

以电路板工作平台上的三个点为基准，建立机器人的工件坐标系。建立工件坐标系的三个点分别为 X1、X2、Y1，位置可以参考图 5-54 所示。

2. 分析功能流程

①机器人进行初始化；
②机器人抓取吸盘工具；
③循环装配；
④机器人放回吸盘工具。

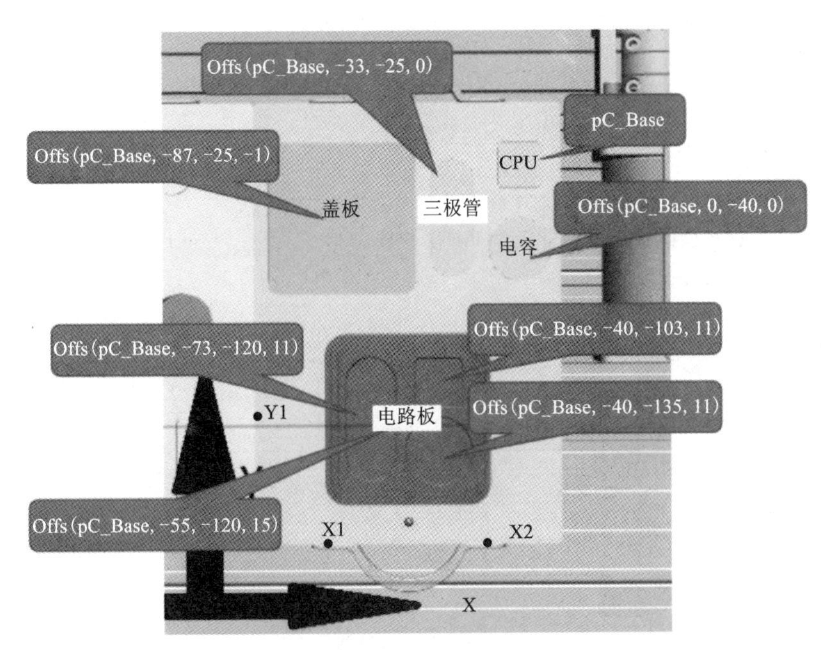

图 5-54　工件坐标系的建立

3. 根据功能要求绘制流程图

装配功能程序、初始化程序、抓吸盘工具程序、放吸盘工具程序与前面相似，不再列出。下面给出主程序流程图(图 5-55)。

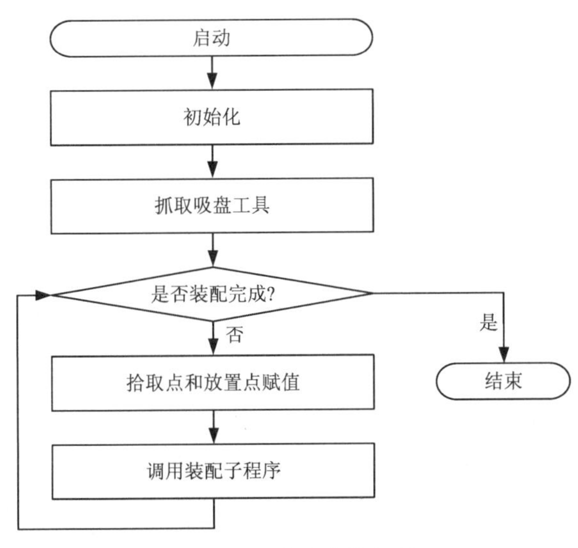

图 5-55　主程序流程图

4. 通过流程图编写功能程序

编写主程序

```
PROC Main()
      rcsh;
      MoveAbsJ pHome \NoEOffs, v1000, z50, tool0;
      rzxp; ! 此处调用抓取吸盘工具子程序
      WHILE COUNT1<7 DO
            TEST count1
            CASE 1:
               ppick: =Offs(pcpu, 0, 0, 0);
               pput: =Offs(pcpu, -40, -103, 11);
            CASE 2:
               ppick: =Offs(pcpu, 0, -40, 0);
               pput: =Offs(pcpu, -40, -135, 11);
            CASE 3:
               ppick: =Offs(pcpu, -33, -25, 0);
               pput: =Offs(pcpu, -73, -120, 11);
            CASE 4:
               ppick: =Offs(pcpu, -87, -25, -1);
               pput: =Offs(pcpu, -55, -120, 15);
            DEFAULT:
            Stop;
            ENDTEST
            rzp;
            count1: =count1+1;
        ENDWHILE
MoveAbsJ pHome \NoEOffs, v1000, z50, tool0;
rfxp; ! 此处调用放置吸盘工具子程序
ENDPROC
```

5. 示教必要的点位

本任务需要示教的点有四个：机器人的原点 pHome、工具抓取点 pxp、中间点 pzjd、装配电路板中的基准点 pcpu。

原点 pHome(图 5-56)。

中间点 pzjd 位置(图 5-57)。

抓取吸盘工具 pxp 点(图 5-58)。

工件抓取点 pcpu 位置(图 5-59)。

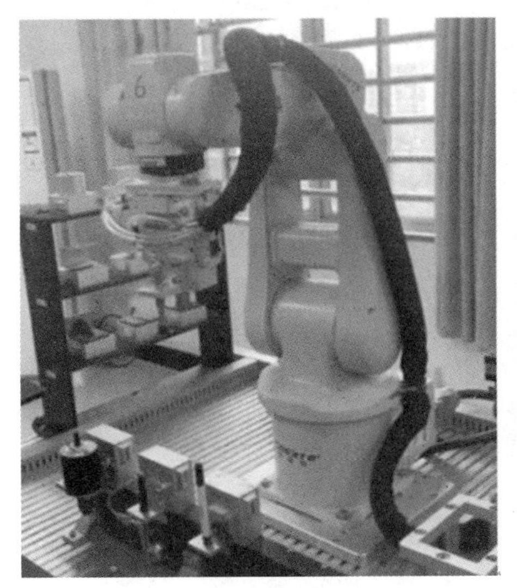

图 5-56　pHome 参考位置

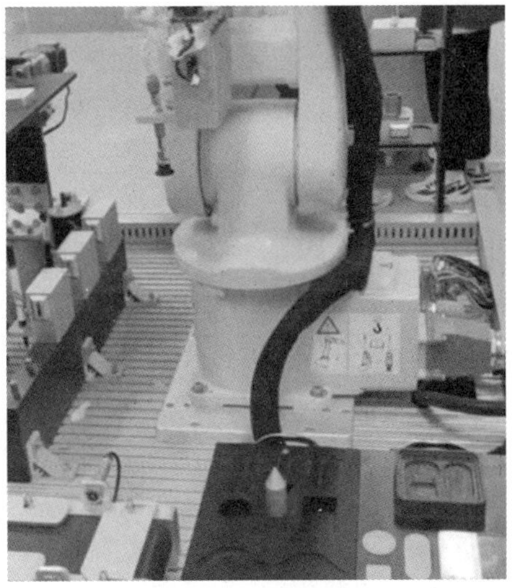

图 5-57　pzjd 参考位置

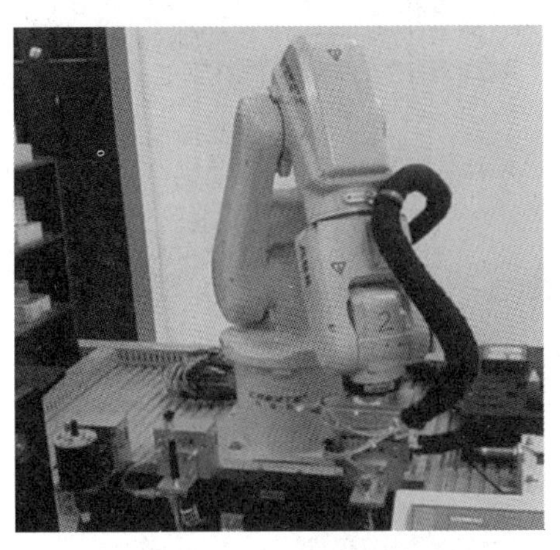

图 5-58　pxp 参考位置

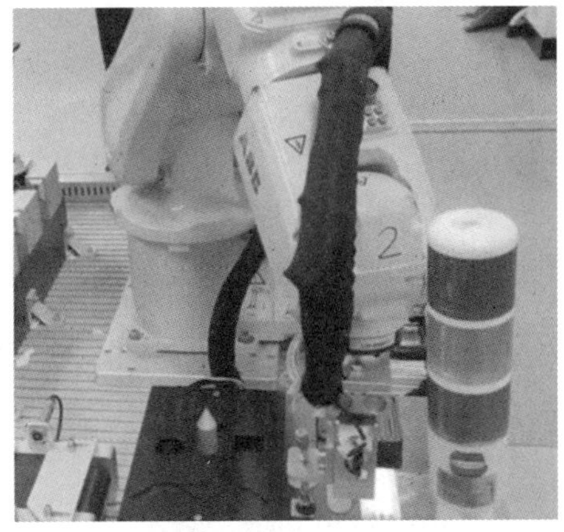

图 5-59　pcpu 参考位置

6. 调试程序实现功能

用正确的方法手握示教器，按下使能按钮，示教器上显示"电机开启"，然后按下"单步向前按钮"，机器人程序按顺序往下执行程序。第一次运行程序务必单步运行程序，直至程序末尾，确定机器人运行每一条语句都没有错误，与工件不会发生碰撞，才可以按下"连续运行"按钮。需要停止程序时，先按"停止"，再松开使能按钮。

任务6 机器人码垛功能的实现

知识目标

1. 了解 for 循环指令的功能。
2. 了解上述指令的编写方法。

能力目标

掌握不同类型程序数据的差异，掌握程序数据的不同存储方式。

任务描述

现有一台串联型工业机器人，需要完成物料的码垛功能，物料的大致形状如图 5-60 所示。

需要通过机器人实现六个物料的码放功能，码放好以后如图 5-61 所示。

图 5-60 需要码垛的物料

图 5-61 摆放六层以后的状态

请通过以下流程实现上述功能：

①通过游标卡尺测量物料的尺寸；

②分析功能流程；

③根据功能要求绘制流程图；

④通过流程图编写功能程序；

⑤启动物料传送带；

⑥示教必要的点位；

⑦调试程序实现功能。

知识链接

5.6.1　FOR——重复给定的次数

功能：当一个或多个指令重复多次时，使用 FOR。

程序执行方式：

①评估起始值、结束值和步进值的表达式。

②向循环计数器分配起始值。

③检查循环计数器的数值，以查看其数值是否介于起始值和结束值之间，或者是否等于起始值或结束值。若循环计数器的数值在此范围之外，则 FOR 循环停止，且程序继续执行紧接 ENDFOR 的指令。

④执行 FOR 循环中的指令。

⑤按照步进值，使循环计数器增量（或减量）。

⑥重复 FOR 循环，从点 3 开始。

例：

```
FOR i FROM 1 TO 10 DO
   routine1;
ENDFOR
```

重复 routine1 无返回值程序 10 次。

5.6.2　Compact IF 指令

功能：当单个指令仅在满足给定条件的情况下执行时，使用 CompactIF。如果将执行不同的指令，则根据是否满足特定条件，使用 IF 指令。

以下实例介绍了指令 CompactIF：

例 1

```
IF reg1>5 GOTO next;
```

如果 reg1 大于 5，在 next 标签处继续程序执行。

例 2

```
IF counter>10 Set do1;
```

如果 counter>10，则设置 do1 信号。

变元 IF Condition ...

Condition

数据类型：bool

必须满足与执行指令相关的条件。

5.6.3　“IF”指令

功能：根据是否满足条件，执行不同的指令时，使用 IF。依次测试条件，直至满足其中一个条件。通过与该条件相关的指令，继续程序执行。如果未满足任何条件，则通过符合 ELSE 的指令，继续程序执行。如果满足多个条件，则仅执行与第一个此类条件相关的指令。

示例有关于指令 IF 的基本例子阐述如下。

例 1

```
IF reg1>5 THEN
    Set do1;
    Set do2;
ENDIF
```

仅当 reg1 大于 5 时，设置信号 do1 和 do2。

例 2

```
IF reg1>5 THEN
    Set do1;
ELSE
    Reset do1;
ENDIF
```

根据 reg1 是否大于 5，设置或重置信号 do1。

例 3

```
IF counter>100 THEN
    counter: =100;
ELSEIF counter<0 THEN
    counter: =0;
ELSE
    counter: =counter+1;
ENDIF
```

通过 1，使 counter 增量。但是，如果 counter 的数值超出限值 0-100，则向 counter 分配相应的限值。

任务实施

1. 测量物料的尺寸

通过游标卡尺测量物料的长、宽、高，并标注在图 5-62 中。

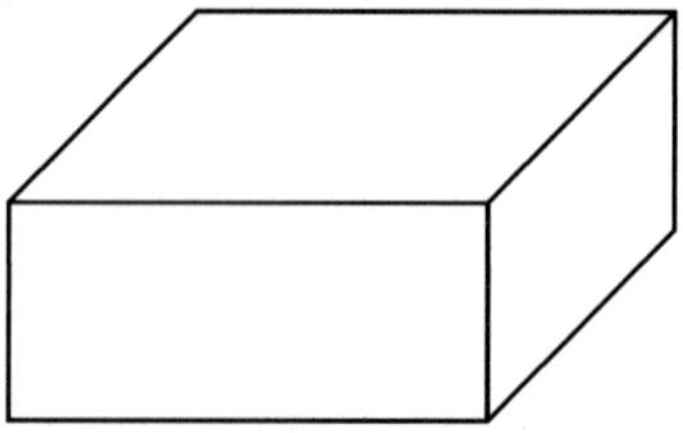

图 5-62　物料示意图

2. 分析功能流程

①机器人人进行初始化；
②机器人抓取吸盘工具；

③循环码垛；

④机器人放回吸盘工具。

3. 根据功能要求绘制流程图

机器人码垛功能主程序与子程序流程图分别如图 5-63 与图 5-64 所示。

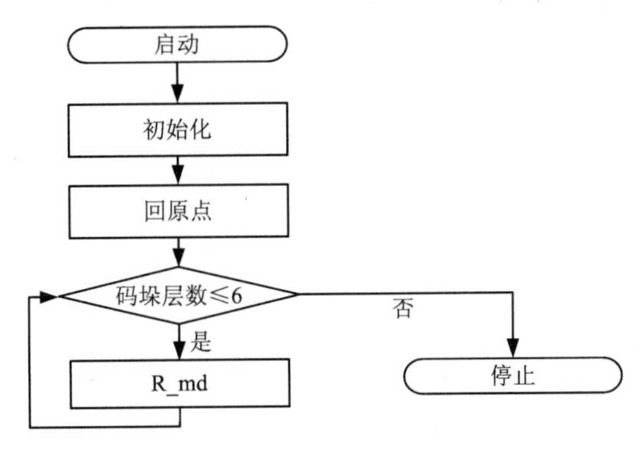

图 5-63　主程序流程图

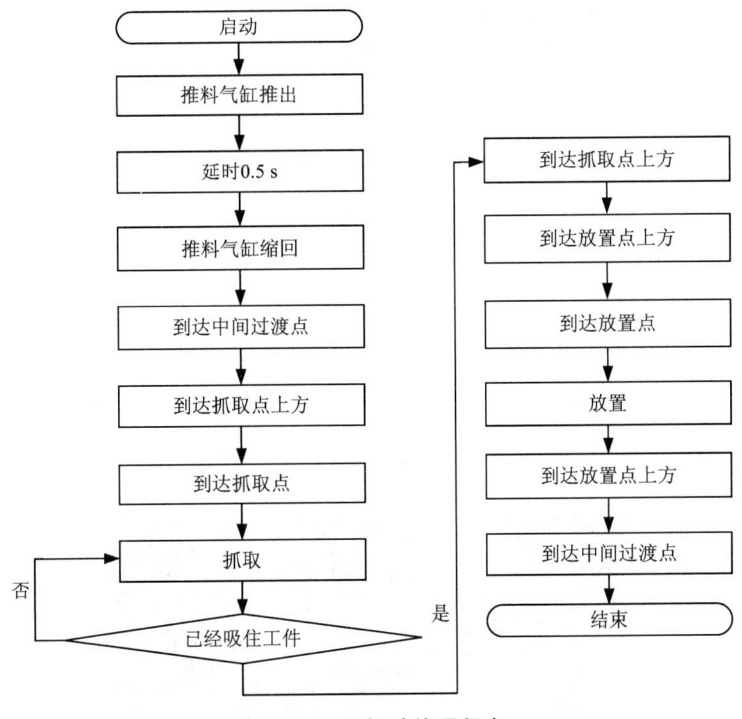

图 5-64　码垛功能子程序

4. 通过流程图编写功能程序

编写主程序

```
PROCmain()
  rcsh;
  rzxp;
  FOR i FROM 0 TO 5 DO
      rmd;
      Incr num1;
  ENDFOR
  rfxp;
    ENDPROC
```

码垛功能程序如下：

```
PROCrmd()
    Set D652_DO7;
    WaitTime 0.5;
    Reset D652_DO7;
    MoveJ pzjd, v1000, z50, tool0;
    MoveJ Offs(ppick, 0, 0, 20), v1000, z50, tool0;
    MoveL ppick, v1000, fine, tool0;
    Set D652_DO05;
    MoveL Offs(ppick, 0, 0, 20), v1000, z50, tool0;
    MoveJ pzjd, v1000, z50, tool0;
    MoveJ Offs(pput, 0, 0, 120), v1000, z50, tool0;
    MoveL Offs(pput, 0, 0, 17* num1), v1000, fine, tool0;
    Set D652_DO05;
    MoveL Offs(pput, 0, 0, 120), v1000, z50, tool0;
    MoveJ pzjd, v1000, z50, tool0;
ENDPROC
```

5. 启动物料传送带

通过触摸屏启动实验平台右边的传送带，传送带如图 5-65 所示。

图 5-65 传送带示意图

6. 示教必要的点位

本任务需要示教的点有四个：机器人的原点 pHome、工具抓取点 pxp、中间点 pzjd、物料拾取点 ppick、第一个物料放置点 pput。

机器人的原点 pHome 点可以设置为{0，0，0，0，0，90，0}。

机器人从拾取点到放置点的过程中需要经过一个中间点，否则会与周围其他物体发生碰撞，中间点可以示教为以图 5-66 所示的点。

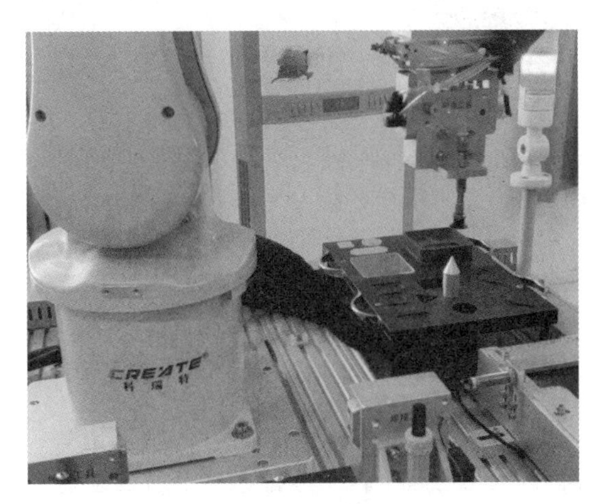

图 5-66　pzjd 参考位置

物料从传送带送过来，通过末端的光电开关对物料进行定位，故物料拾取点相同，可以将物料拾取点示教为图 5-67 所示的点。

图 5-67　拾取点参考位置

第一个物料放置点(图 5-68)。

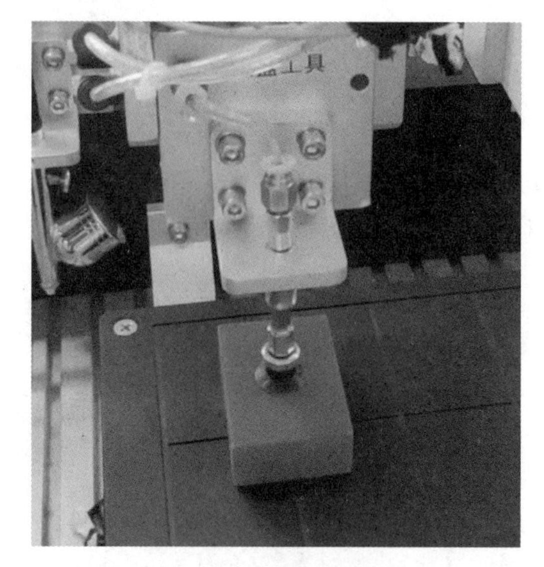

图 5-68 放置点参考位置

7. 调试程序实现功能

用正确的方法手握着示教器，按下使能按，示教器上显示“电机开启”，然后按下“单步向前按钮”，机器人程序按顺序往下执行程序。第一次运行程序务必单步运行程序，直至程序末尾，确定机器人运行每一条语句都没有错误，与工件不会发生碰撞，才可以按下“连续运行”按钮。需要停止程序时，先按“停止”，再松开使能按钮。

拓展任务

要求通过串联型六轴机器人编程实现码垛功能，摆放方式如下：

①第一层的摆放方式如图 5-69 所示。

②第二层的缝隙应与第一层错开，如图 5-70 所示。

图 5-69 第一层摆放方式

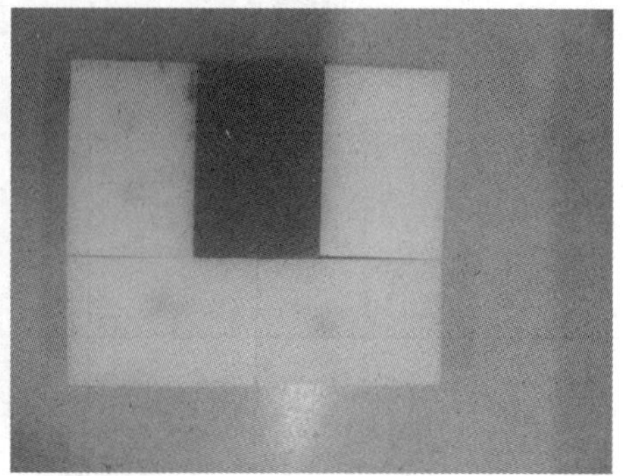

图 5-70 第二层摆放方式

任务7　机器人中断功能的实现

知识目标

1. 了解中断指令的功能。
2. 了解上述指令的编写方法。

能力目标

掌握通过机器人的中断程序实现一定功能。

任务描述

通过编写机器人程序，实现机器人在运动过程中实时输出坐标位置的功能。

知识链接

5.7.1　IDelete-取消中断

IDelete

用法：IDelete（中断删除）用于取消（删除）中断预定。

如果中断仅临时禁用，则应当使用指令 ISleep 或 IDisable。

基本示例

以下实例介绍了指令 IDelete：

```
IDelete feeder_low;
```

取消中断 feeder_low。

5.7.2　CONNECT-将中断与软中断程序相连

用法：CONNECT 用于发现中断识别号，并将其与软中断程序相连。

通过下达中断事件指令并规定其识别号，确定中断。因此，当出现该事件时，自动执行软中断程序。

基本示例

以下实例介绍了指令 CONNECT：

```
VAR intnum feeder_low;
PROC main()
CONNECT feeder_low WITH feeder_empty;
ISignalDI di1, 1, feeder_low;
...
```

创建中断识别号 feeder_low，并将其与软中断程序 feeder_empty 相连。当输入 di1 变高时，将会出现中断。换句话说，当信号变高时，执行 feeder_empty 软中断程序。

5.7.3 ISignalDI-下达数字信号输入信号中断指令

用法 ISignalDI(中断信号数字信号输入)用于下达和启用数字信号输入信号的中断指令。

基本示例

以下实例介绍了指令 ISignalDI：

例 1

VAR intnum sig1int;

PROC main()

CONNECT sig1int WITH iroutine1;

SignalDI di1, 1, sig1int;

下达关于每当数字信号输入信号 di1 设置为 1 时出现中断的指令。随后，调用 iroutine1 软中断程序。

例 2

ISignalDI di1, 0, sig1int;

下达关于每当数字信号输入信号 di1 设置为 0 时出现中断的指令。

例 3

ISignalDI \Single, di1, 1, sig1int;

仅下达数字信号输入信号 di1 首次设置为 1 时出现中断的指令。

任务实施

1. 分析功能流程

(1)变量定义；
(2)编写主程序；
(3)编写中断程序；

2. 变量定义

将机器人的变量进行定义，需要赋值的量需要定义为可变量(PERS)或者变量(VAR)，如图 5-71 所示。

```
1  MODULE MainModule
2  PERS num x; !用于存放机器人X坐标
3  PERS num y; !用于存放机器人y坐标
4  PERS num z; !用于存放机器人z坐标
5  PERS robtarget pCurrentPos; !用于存放机器人当前坐标位置
6  PERS robtarget pStartPos; !用于存放机器人起始坐标位置
7  VAR intnum intShow; !中断识别号
8  
```

图 5-71 参数定义

3. 根据要求绘制流程图

主程序流程图如图 5-72 所示。

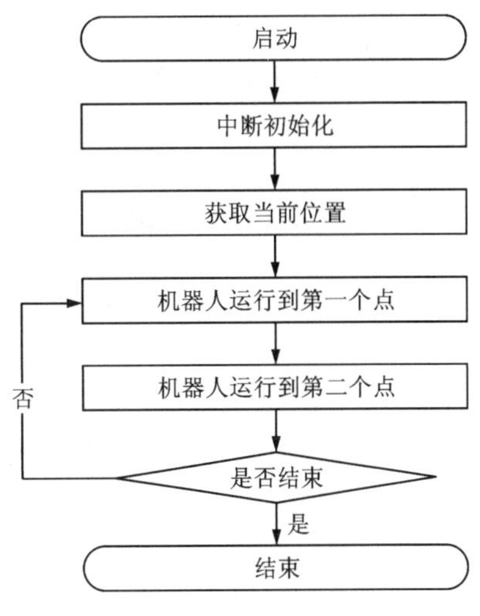

图 5-72　主程序流程图

中断程序流程图如图 5-73 所示。

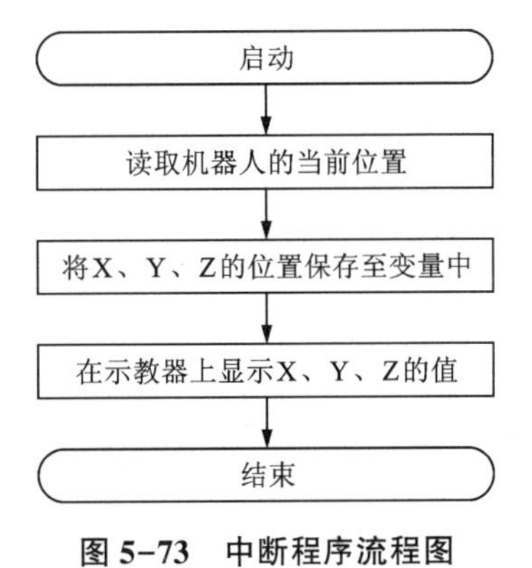

图 5-73　中断程序流程图

4. 通过流程图编写功能程序

编写主程序如图 5-74 所示。

```
8
9     PROC main() !主程序
10        IDelete intShow;     !删除中断识别号
11        CONNECT intShow WITH iShow;      !连接中断识别号到软中断程序
12        ITimer 0.5,intShow;      !每隔0.5秒触发一次中断
13        pStartPos:=CRobT();      !获取当前坐标
14        WHILE TRUE DO        !一直移动
15            MoveJ pStartPos, v500,z10,tool0;
16            MoveJ offs(pStartPos,60,60,30), v500,z10,tool0;
17        ENDWHILE
18    ENDPROC
19
```

图 5-74 主程序的编写

编写中断程序如图 5-75 所示。

```
19
20    TRAP iShow       !软中断程序
21        pCurrentPos := CRobT();
22        x:= pCurrentPos.trans.x;
23        y:= pCurrentPos.trans.y;
24        z:= pCurrentPos.trans.z;
25
26        TPWrite "x="\num:=x;
27        TPWrite "y="\num:=y;
28        TPWrite "z="\num:=z;
29    ENDTRAP
30  ENDMODULE
```

图 5-75 中断程序的编写

5. 点位示教

本任务需要示教的点有 1 个：pStartPos。

在不发生碰撞的情况下，任意设置空间中的一个点为 pStartPos，如图 5-76 所示。

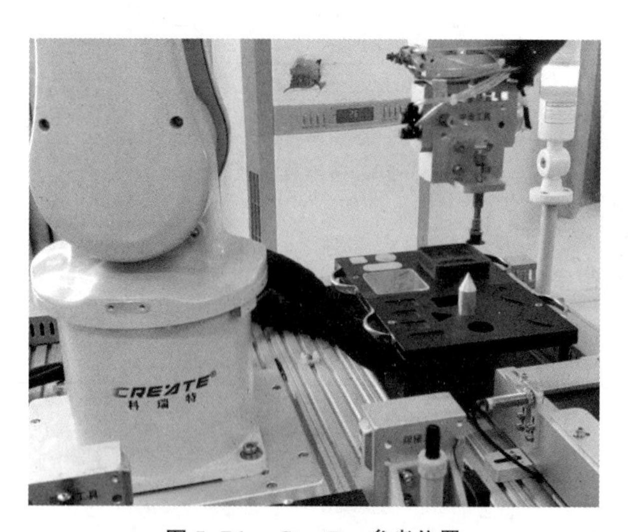

图 5-76 pStartPos 参考位置

6. 调试程序实现功能

用正确的方法手握示教器，按下使能按钮，示教器上显示“电机开启”，然后按下“单步向前按钮”，机器人程序按顺序往下执行程序。第一次运行程序务必单步运行程序，直至程序末尾，确定机器人运行每一条语句都没有错误，与工件不会发生碰撞，才可以按下“连续运行”按钮。需要停止程序时，先按“停止”，再松开使能按钮。

任务 8　机器人 IO 口配置

知识目标

掌握机器人输入输出板配置方法。熟悉工业机器人的 I/O、逻辑控制指令。

能力目标

能够配置机器人系统输入输出模块。能使用常用机器人 I/O、逻辑控制指令进行编程；

任务描述

1. 能正确设置一个名为 board10 的 DSQC652 类型的 IO 板。
2. 能正确设置一个名为 di1 的传送带到位的数字输入信号。
3. 能正确设置一个名为 do09 的夹爪打开与关闭的数字输出信号。知识链接：

知识链接

5.8.1　机器人的通信方式

I/O 是 Input/Output 的缩写，即输入输出端口，机器人可通过 I/O 与外部设备进行交互。以 ABB 机器人为例，ABB 机器人提供了丰富 I/O 通信接口，如 ABB 的标准通信，与 PLC 的现场总线通信，还有与 PC 机的数据通信，如图 5-77 所示，可以轻松地实现与周边设备的通信。

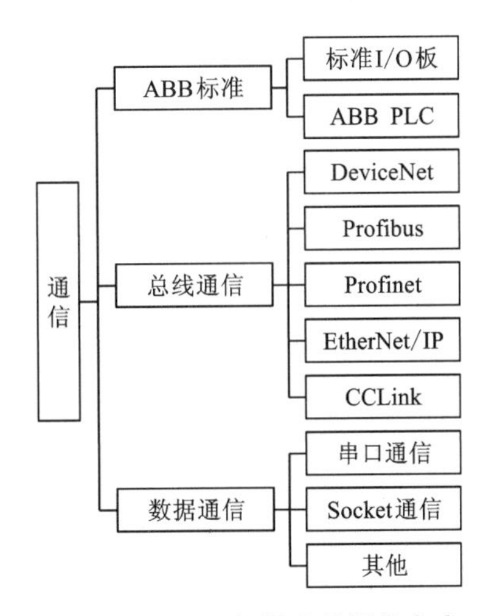

图 5-77　ABB 机器人的通信方式

ABB 的标准 I/O 板提供的常用信号处理有数字量输入，数字量输出，组输入，组输出，模拟量输入，模拟量输出。安装位置如图 5-78 所示。

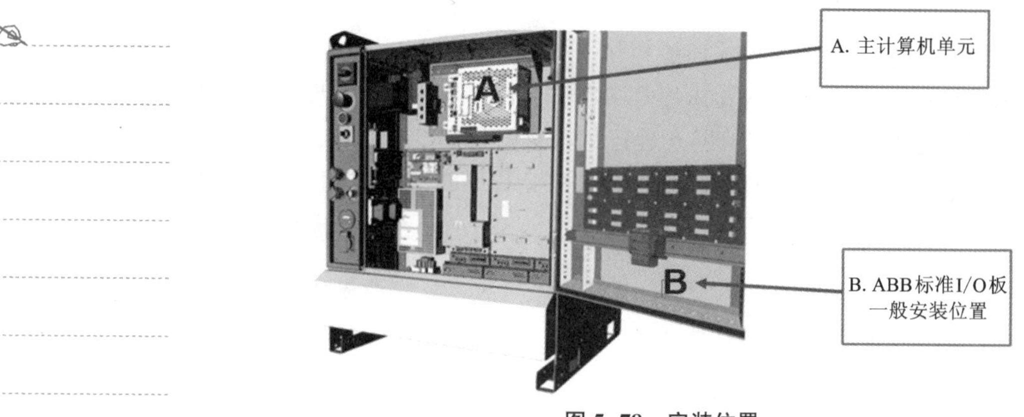

图 5-78 安装位置

5.8.2 常用 ABB 标准 IO 板

(1) DSQC651

DSQC651 板主要提供 8 个数字输入信号、8 个数字输出信号和 2 个模拟输出信号的处理，如图 5-79 所示。

A 数字输出信号指示灯。
B X1数字输出接口。
C X6模拟输出接口。
D X5是DeviceNet接口。
E 模块状态指示灯。

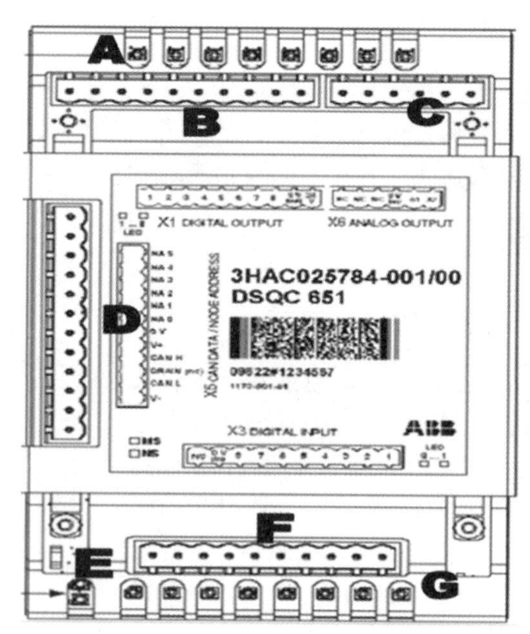

图 5-79 DSQC651 板

(1) DSQC652

DSQC652 板主要提供 16 个数字输入信号和 16 个数字输出信号的处理，如图 5-80 所示。

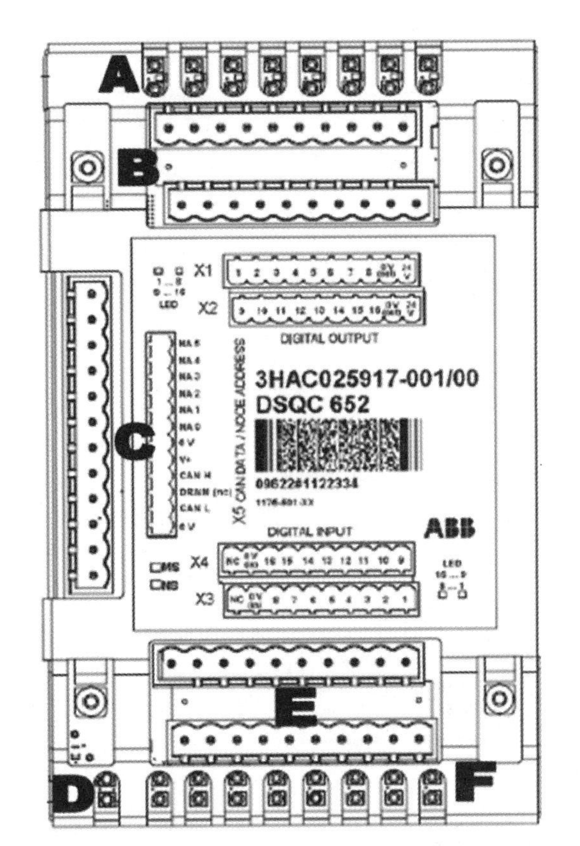

A　数字输出信号指示灯。

B　X1,X2数字输出接口。

C　X5是DeviceNet接口。

D　模块状态指示灯。

E　X3、X4数字输入接口。

图 5-80　DSQC652 板

任务实施

1. 设置 I/O 板

(1)打开示教器菜单的控制面板(图 5-81)

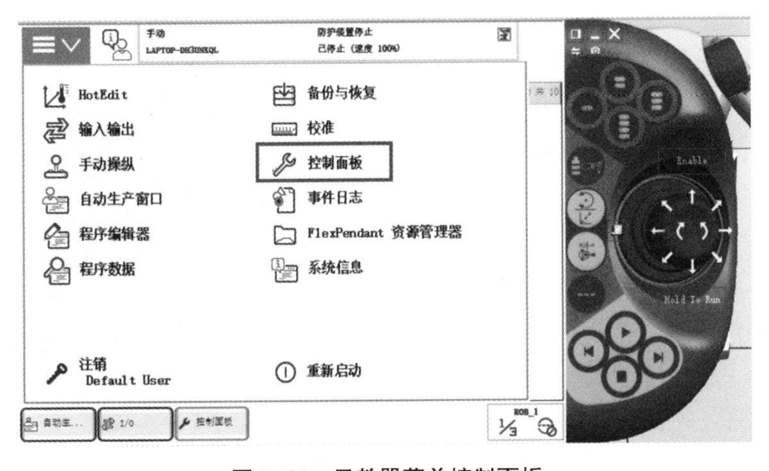

图 5-81　示教器菜单控制面板

(2)找到配置选项(图 5-82)

手动
LAPTOP-DH3UNKQL
防护装置停止
已停止 (速度 100%)
控制面板
名称 备注
外观 自定义显示器
监控 动作监控和执行设置
FlexPendant 配置 FlexPendant 系统
I/O 配置常用 I/O 信号
语言 设置当前语言
ProgKeys 配置可编程按键
控制器设置 设置网络、日期时间和 ID
诊断 系统诊断
配置 配置系统参数
触摸屏 校准触摸屏

图 5-82　配置选项界面

(3)找到 DeviceNet Device(图 5-83)

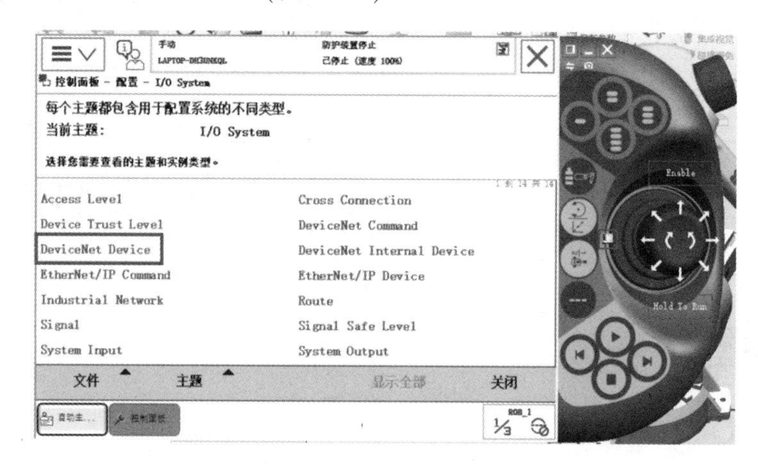

图 5-83　DeviceNet Device 界面

(4)选择添加选项(图 5-84)

图 5-84　添加选项界面

(5)设置参数

选择 DSQC652，并且命名修改为 board10(图 5-85)。

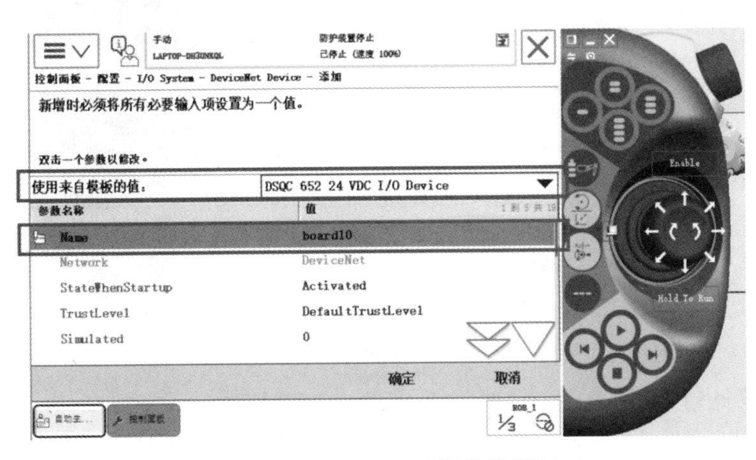

图 5-85　DSQC652 设置参数界面

2. 设置数字输入信号

设置一个名为 di1 的传送带到位的数字输入信号。

(1)选中控制面板(图 5-86)

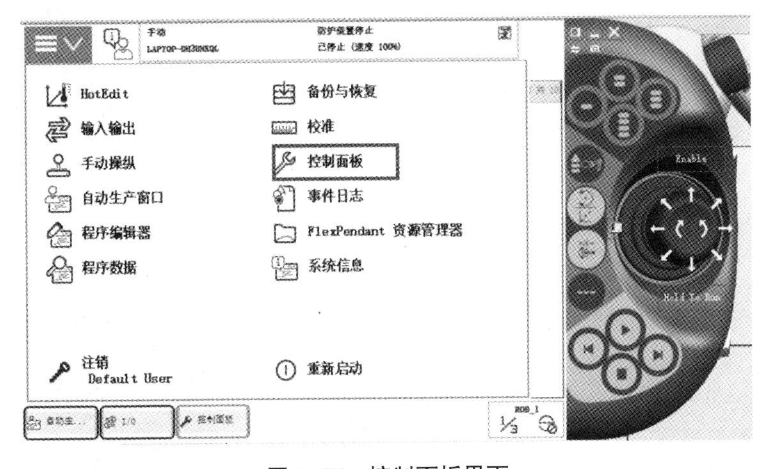

图 5-86　控制面板界面

(2)选择配置(图 5-87)

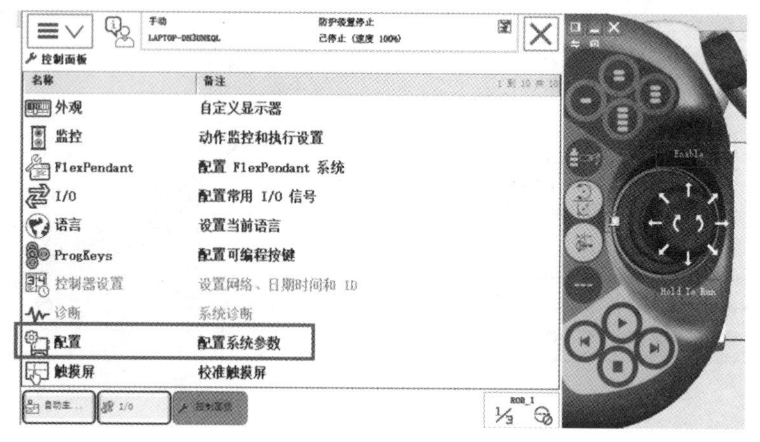

图 5-87　选择配置界面

(3)选择信号 signal(图 5-88)

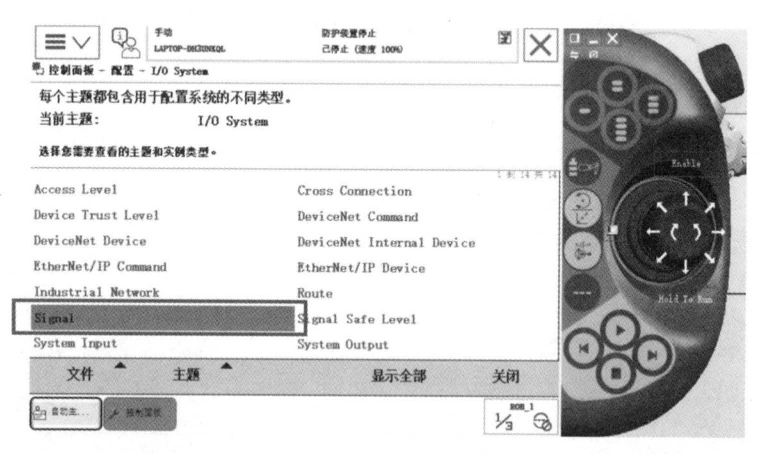

图 5-88　选择信号界面

(4)选择添加(图 5-89)

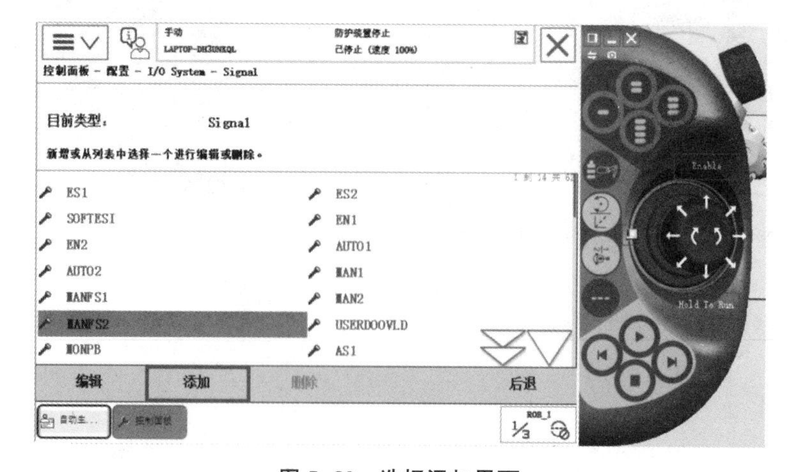

图 5-89　选择添加界面

(5)设置参数(图 5-90)

有四个需要设定的参数，name 设置为 di1，type of signal 设置为数字输入，assigned to device 设置为刚刚设置好的 board10，还有地址 device mapping，这里根据硬件接线设置为 0。

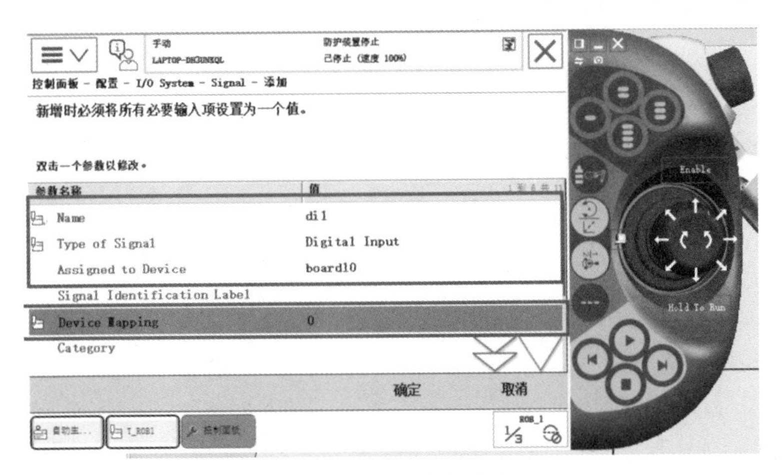

图 5-90　设置参数界面

3. 设置数字输出信号

能正确设置一个名为 do09 的夹爪打开与关闭的数字输出信号。数字输出信号与数字输入信号设定的方法相似，只需修改对应的参数即可。

同样有四个需要设定的参数，name 设置为 do09，type of signal 设置为数字输出，assigned to device 设置为刚刚设置好的 board10，还有地址 device mapping，这里根据硬件接线设置为 8，如图 5-91 所示。

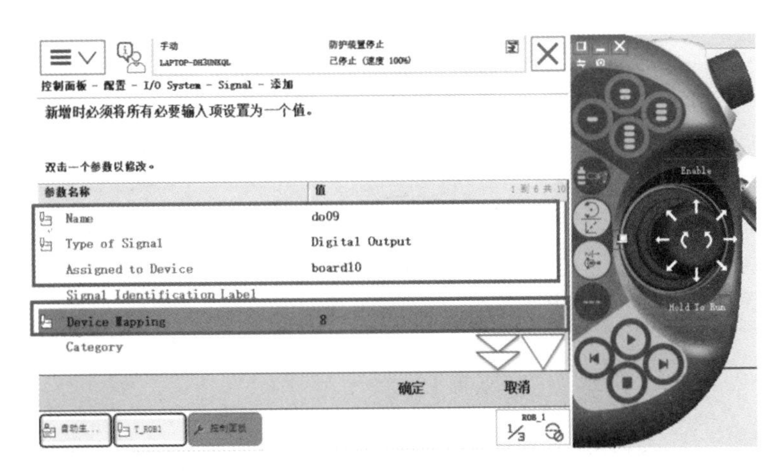

图 5-91　设置参数界面

习　题

1.[填空题]以下指令运行完以后，count2 的值为__________，reg2 的值为__________。

```
 count2：=0；
 reg2：=1；
WHILE count2<3 DO
   reg2：=reg2+1；
   count2：=count2+1；
ENDWHILE
```

2.[填空题]请编写程序实现以下功能：

如果 reg1 是大于 5，重置信号 do1。

IF __________ THEN

__________；

ENDIF

3.[简答题]编写程序实现以下功能：机器人直线移动到 P10 的位置，延时等待 1 s 后，将 D_OUT[1]设置为 1。

4.[简答题]请依照 0 所示轨迹，编写程序实现以下功能：机器人从 P10 运动到 P70 点。

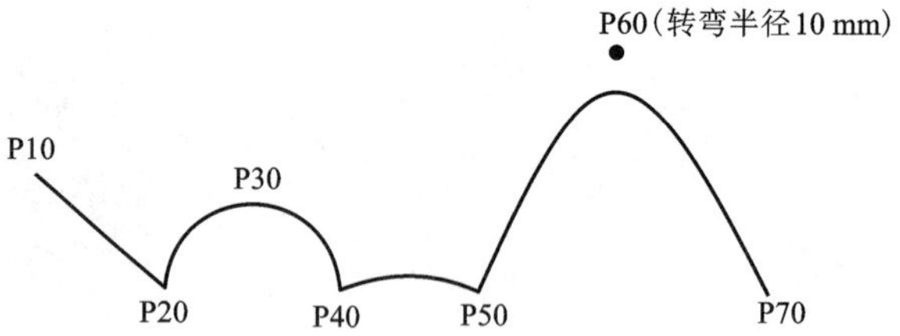

图 5-92　程序轨迹

参考文献

[1] 屈金星. 工业机器人技术与应用[M]. 北京：机械工业出版社，2018.
[2] 许文稼. 工业机器人技术基础[M]. 北京：高等教育出版社，2017.
[3] 徐文. KUKA 工业机器人编程与实操技巧[M]. 长沙：中南大学出版社，2017.
[4] 何清华. 隧道凿岩机器人[M]. 长沙：中南大学出版社，2005.
[5] 叶晖，管小清，工业机器人实操与应用技巧第 2 版[M]. 北京：机械工业出版社，2017.
[6] 上海 ABB 工程有限公司. ABB 工业机器人实用配置指南[M]. 北京：电子工业出版社，2019.
[7] 叶晖，工业机器人典型应用案例精析[M]. 北京：机械工业出版社，2015.
[8] 管小清，工业机器人：产品包装典型应用精析[M]. 北京：机械工业出版社，2016.
[9] 叶晖，工业机器人故障诊断与预防维护实战教程[M]. 北京：机械工业出版社，2018.
[10] 北京赛育达科教有限责任公司，工业机器人应用编程(华数)初级[M]. 北京：机械工业出版社，2021.
[11] 叶晖，工业机器人工程应用虚拟仿真教程[M]. 北京：机械工业出版社，2014.
[12] 王卉军，工业机器人基础[M]. 武汉：华中科技大学出版社，2020.
[13] 汪励，陈小艳，工业机器人工作站系统集成[M]. 北京：机械工业出版社，2014.